LOCUS

LOCUS

LOCUS

LOCUS

touch

對於變化，我們需要的不是觀察。而是接觸。

a *touch* book
Locus Publishing Company
11F, 25, Sec. 4 Nan-King East Road, Taipei, Taiwan
ISBN 978-986-213-175-6 Chinese Language Edition

April 2010, First Edition
Printed in Taiwan

看得太少或看得太多的危險
作者：喬治・戴伊（George S. Day）
保羅・蘇梅克（Paul J. H. Schoemaker）
譯者：邱約文
責任編輯：湯皓全　美術編輯：蔡怡欣
法律顧問：全理法律事務所董安丹律師
出版者：大塊文化出版股份有限公司　www.locuspublishing.com
台北市105南京東路四段25號11樓　讀者服務專線：0800-006689
TEL：（02）8712-3898　FAX：（02）8712-3897
郵撥帳號：18955675　戶名：大塊文化出版股份有限公司

總經銷：大和書報圖書股份有限公司　地址：台北縣五股工業區五工五路2號
TEL：（02）8990-2588（代表號）　FAX：（02）2290-1658
排版：天翼電腦排版有限公司　製版：源耕印刷事業有限公司
初版一刷：2010年4月

定價：新台幣280元

touch

看得太少或看得太多的危險

Peripheral Vision

隱藏在微弱訊息中的機會——誰看到了，誰沒看到？

George S. Day + Paul J. H. Schoemaker 著　邱約文 譯

目錄

導言：接合警戒缺口的七個步驟

經營企業不論再怎麼專注，不免還是會分神，接收到從周邊地帶傳來的一波波微弱訊息。你可能從亞太地區業務經理的口中，聽到了有關新競爭對手的謠傳，使你心神不寧。或者，你看到報紙報導幾名創新人士，在皮膚下植入無線射頻辨識晶片（radio-frequency identification tags），緊急時可藉以讀取有關個人身分和醫療記錄的資訊。你也許聽說一名忿忿不平的消費者，在部落格上發表的言論正引起人們的注意。對你的企業來說，這些訊息有什麼意義？周遭這些微弱的訊息中，有哪些值得特別注意？又有哪些大可放心不予理會？隨著環境漸趨複雜、加速變化，「周邊視力」對企業的成功或甚至是生存來說，都是一項不可或缺的能力。然而在本質上，「周邊」的定義不甚明確，含糊而又多變。關鍵所在是要找出相干的訊息並進一步加以探討，過濾掉不重要的雜訊，比競爭對手先一步追求機會，或者在問題愈演愈烈之前，就先察覺到早期的徵兆。對於這項任務，你的企業組織做好準備了嗎？

大多數企業組織缺乏周邊視力這項必要的能力。我們爲周邊視力的研究計畫特地發展了一套「策略視力檢查」(Strategic Eye Exam)，並對全球各地的資深經理人進行檢測，他們之中超過百分之八十的人認爲，其周邊視力無法勝任所需，而這項缺點明顯地反映在「警戒缺口」上。貴企業組織的警覺性有多高？換句話說，你在過去五年中，有多少次因衝擊性的事件而震驚？一份針對一百四十名企業策略家進行的調查中，有三分之二的受訪者坦承，所屬的企業組織在過去五年間，受到至少**三次**重大事件的衝擊。此外，百分之九十七的受訪者表示，其企業缺乏任何預警機制，無法避免未來不再受到類似事件的影響①。

人類的眼睛爲了周邊視力，具備了一套發展完善的系統，但大部分企業組織的設計，卻是爲了將視野狹窄地侷限於手邊的工作上。如此專心一意，也許有利於短期的表現，但可能不利於組織長期的生存，一旦環境改變，更是如此。微弱卻值得注意的訊號，可能被不相干的、使人分心的雜訊所遮蓋。如果位於組織邊陲的人，察覺到了任何重要的早期警訊，那麼組織中其他的部門是否會接獲？或者是否能理解這個警訊呢？就你曾經遇到的任何一件出乎意料的事件來說，也許在你的組織內部或延伸的網絡中，早已有人事先察覺狀況，但你卻不知道他們已得知訊息，或者他們並不了解這個訊息需要讓你知道。良好的周邊視力不只是一種感官知覺，也是一種知道哪裏該多加注意的能力，知道該如何解讀微弱的訊息，並且在訊號仍模糊不清時，就知道該如何因應。

在一切高度相關的世界裏，輕輕一動就可能引起劇烈的反應——例如，藥廠主管們驚訝地發現，製藥業已愈來愈不受人歡迎；又比如製造業因中國和印度低成本的競爭，而被迫中斷營運；此外，許多網路服務供應商未能察覺網路搜尋引擎的潛力，而讓Google捷足先登。原本在周邊看似不重要的小事，可能在很短的時間內變成關切的焦點。這樣的例子不勝枚舉，有些可能造成不幸的後果，例如美國九一一恐怖攻擊事件，而有些則是有益人群、全然創新的發現，例如佛萊明（Fleming）發現盤尼西林。

培養周邊視力的方法

本書一開始所要挑戰的問題是：經理人與其企業組織要如何打造卓越的能力，才能辨識來自周邊的微弱訊息並加以因應，避免事情一發不可收拾？原本我們在華頓學院（Wharton School）的馬克科技創新中心（Mack Center for Technological Innovation）對新興科技所做的研究中，有一部分的工作就是要爲這個問題找到答案。二〇〇三年五月，我們召集了一群傑出的思想領導人，舉辦了一場有關周邊視力的研討會。這場研討會以及我們後續所出版的一期管理期刊《遠程規畫》（*Long Range Planning*）的特刊，使我們自己對這項議題的思路更爲清晰，也帶出了一些重要的新問題。在探討的過程中，我們發覺藉由「周邊視力」的譬喻，就好像是經由一個高效能的鏡頭來觀察組織的邊緣，有助於了解周邊複雜而又常令人困惑的模糊地帶。

本書以視力爲比喻，內容來源是我們針對運用周邊視力的最佳實例和「創新實例」（next practice）所做的研究。我們仔細審視了有效察覺周邊變化的成功特例，以及未能察覺變化的失敗個案，包括：太思提烘焙公司（Tasty Baking）如何釐清有關低碳水化合物食品（low-carb food）令人困惑的訊息；貝茲娃娃（Bratz doll）如何察覺小女孩心態的改變，而將芭比娃娃推下寶座；喪葬業主管如何因應個人化服務的需求；照明產業面對發光二極體（LED）的興起有何反應。我們的研究運用了不同領域的理論與見解，其中包括策略、行銷、組織理論、創新與新興科技管理、行爲決策理論以及認知科學，另外，也借助實務的工具，例如科技掃瞄（technology scanning）、競爭分析（competitive intelligence）和市場調查。最後，我們納入了自行發展出來的診斷測驗，讀者可以評估本身企業組織對周邊視力的需要，以及評量目前所具備的能力（見附錄A）。

爲協助改善周邊視力，我們特別檢視了企業組織基本的程序和能力。我們的研究方法利用了資訊處理與組織學習的一般模型（見附錄B），但特別把焦點放在發生於組織邊陲地帶模糊而又不確定的訊息，進而導出了一個包含七個步驟的程序，用以了解並提升周邊視力。圖〇・一便是對這個程序做了概略的說明。

前五個步驟的焦點，是針對周邊地帶微弱訊息的接收、闡釋和因應的過程，直接加以改

圖〇・一：接合警戒缺口的七個步驟

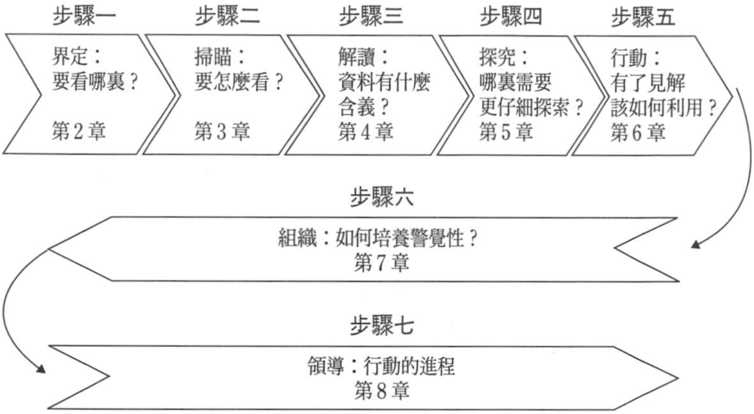

進。第一個步驟，「界定」，考量的是接收訊息的範圍大小，決定哪些議題值得正視（第2章）。什麼都看，反而什麼都沒看見。經理人可利用一套引導性的問題自我提問，確保自己專注的範疇既不過於廣泛，又不過於狹隘，避免資訊過多而無法消受，因而忽略了重要的部分。範圍確定之後，第二個步驟是決定如何就選定的區域進行掃瞄（第3章）。檢視的焦點是否該集中於熟悉領域的應用？或是應該探索不熟悉的領域？經理人要透析周邊新的領域，必須運用不同的掃瞄策略。第3章提供了各種察覺訊息的工具和方法，適用於周邊不同的領域，包括公司內部、顧客和競爭對手、新興科技，以及影響和塑造市場或企業的因子。經理人該如何就選定的範圍進行掃瞄呢？

企業組織一旦對大有潛力的區域進行掃

瞄，第三步的工作就是解讀所蒐集到的資訊（第4章）。資訊多半是不明確、不完整的。以人類的視力來說，周邊視力所看到的訊息缺乏色彩或輪廓。企業組織該如何將點連成線、線連成面，詮釋在邊緣地帶所瞥見的資訊呢？又有哪些認知上和組織上的偏差，會阻礙訊息的蒐集和解讀？除了其他的策略以外，對微弱訊息的解讀，可藉多元的觀點而強化——類似「三角交叉檢視法」（triangulation）——並增加深度與廣度。

以初步的解讀爲基礎，第四個步驟是更深入地探究周邊地帶，獲得更進一步的認識，並形成更清楚的看法（第5章），但前提是先要能提出好的假說，並知道該如何驗證，以確定（或推翻）假說的成立。之後，企業組織必須決定是否要針對周邊訊息反應，以及該採取什麼反應（第6章）。由於危機和契機的本質的關係，儘管在高度不確定的情況下，企業有時仍得採取果斷的行動。不過，對於周邊模糊的訊息，通常需要運用實質選擇權（real-options）的觀點，謹慎考量、小心因應。

以上第一到第五步驟著重的是改進周邊視力運作的過程，之後兩個步驟的重點，是在建立更廣泛的組織能力和領導力，支援周邊視力。第六個步驟是將周邊視力整合成企業文化和組織紋理的一部分，有系統地磨練組織的能力，以期符合高警覺性的企業組織之所需（第7章）。最後，雖然組織中的每一分子在周邊視力的運作上，都扮演了不同的角色和功能，我們的調查卻清楚地顯示，領導人所擔任的是最軸心的角色。要如何發展領導力，才能培養組織整體的好奇心？這是最後第七個步驟所面對的挑戰，也是第8章所要討論的主題。可以說，最後這兩個步驟，充實了其他五個步驟執行上所需的資訊，形塑了這五個步驟。

預備與警覺

之後的章節將循序漸進地說明，該如何利用以上所述及其他看法，來增進企業組織的周邊視力。以下是我們從調查中歸納出的部分重點：

- 必須問對問題，以判斷哪些是之前不知道的事物，探索企業組織的邊緣地帶。
- 必須在積極掃瞄和散射的視覺（splatter vision，沒有特定目標的搜尋）之間取得平衡，利用問題來聚焦，以便更深入地探究。
- 必須經常辨識新的資訊來源和認識新的掃瞄方式，揭露周邊地帶中重要但卻被隱藏起來的訊息。
- 可以使用多元的方法進行「三角交叉檢視」，協助釐清和解讀周邊地帶模糊的訊息。
- 必須經常主動探究，對於帶有契機或危機的訊息，做更深入的了解。
- 雖然經理人有時必須專心一意，但也必須富有彈性，備妥一套可靠的策略組合以供選擇。

- 任何企業組織都像人一樣，能發展並強化周邊視力。
- 卓越的周邊視力需要具有前瞻策略的領導人，以身作則並鼓勵組織中的成員分享彼此的看法和顧慮。

雖然我們的七個步驟可強化企業組織的周邊視力，但須謹記周邊地帶所發生的事物並不單純，周邊視力**不能**簡化成一套直線思考的制式化要訣；有效的周邊視力需要不斷練習、投注心力，累積經驗做出判斷。要了解周邊地帶，並不是以一套公式、按表操課就行了，而是要問對問題，並以適當的方式思考；了解周邊地帶並不是爲了預測未來，而是要對未來有所警覺和預備。本書將幫助讀者發展更深刻的策略觀點，並鼓勵讀者將眼界超越既有的參考架構，掀開組織中被遮蓋的部分一探究竟。努力付出必將有所收穫。卓越的周邊視力有助於及早發現機會、爲風險做好準備，領先那些仍渾然不覺的競爭對手，取得致勝獲利的優勢。

1

周邊地帶

爲何重要？

企業組織察知未來的能力，
奠基在一套複雜的機制上，
而以周邊視力作爲比喻，
有助於凸顯這個複雜的機制。
就像人類與動物的視力一樣，
所謂的周邊，
指的是焦點之外影像模糊的區域。
人類的視覺中，
焦點視力協助我們專心於主要的工作，
如閱讀或執行一項計畫，
周邊視力則幫助我們看到偷偷來襲的威脅，
或在視野的邊緣發現機會。

「春天來時，邊緣的雪會先融化，因爲暴露在外的部分最多。」

——英特爾（Intel）創辦人暨前董事長安迪・葛洛夫（Andy Grove）①

在市郊一家超級市場的走道上，文生・梅齊瑞（Vince Melchiorre）有了靈光一現的經驗。梅齊瑞是總部設於費城的太思提烘焙公司（Tasty Baking）的資深副總經理暨行銷長，當天正在察看架上產品鋪貨的狀況，與正在購物的一位六十來歲的婦人及她八十幾歲的母親攀談了起來。那位老母親患有糖尿病，不能吃太思提暢銷的甜點。「她們在店裏激動地對我說，」梅齊瑞回憶道，「那位母親從小就吃太思提糕點（Tastykakes），甚至還記得廣告歌怎麼唱，但現在卻不能再繼續享用。她們質問我：『你怎麼不想個辦法？』給了我一記當頭棒喝。」②

當時是二〇〇四年年初，正值羅伯・阿金博士（Dr. Robert Atkins）所倡導的低碳水化合物（low-carb，以下簡稱低碳）減肥革命風起雲湧之際，所有的食品公司都備有一套「低碳」策略，上千種相關的新產品相繼上市。而太思提這家公司，以太思提糕點爲品牌，每天出廠五百萬個蛋糕、派餅、餅乾、甜甜圈和其他甜食，當然無法忽視這個風潮。像是恩得蒙（Entenmann's）等等的競爭對手，當時正在打造低碳系列的產品。但是，這個趨勢究竟代表了什麼意義？市場會不會乾涸？低碳節食法會不會過氣？太思提該在多短的時間內反應？而又該採取什麼方式反應？

梅齊瑞在超市走道上與兩位女士邂逅之時，太思提正準備推出自己的低碳系列產品，該項計畫還被列爲公司的最高機密，代號是「葛麗泰」（Greta，爲女星葛麗泰・嘉寶〔Greta Carbo〕的簡稱。譯註：「去除碳水化合物」的諧音）。太思提的銷售業績於二〇〇一年達到一億六千六百萬美元的巔峰後，就不曾再創新記錄，因此新任執行長查爾斯・皮茲（Charles Pizzi）積極推動低碳新系列的上市，這也是業績振興計畫中的一部分。新產品的負責團隊是由新業務發展部門的總經理凱倫・舒茲（Karen Schutz）主導，當時他們正加緊腳步，要趕在二〇〇四年八月首度推出低碳系列，將原本產品上市通常需要十二到十八個月才能布建完成的過程，縮短了一半。

然而，當梅齊瑞在超市遇見那兩位女士之後，便向該團隊提出了新的企畫案：將產品線的訴求由低碳改爲無糖。不論從哪方面來說，這都不是個能輕鬆說說的提議，產品發展部門早已實驗調製出許多產品組合，選出最名實相副的低碳產品項目。現在要改而推出標榜無糖的產品系列，意味著得重新調製、試驗配方，簡直就是要把整個過程重新來過。「那時我們的『低碳』策略已執行了一半，」梅齊瑞表示，「我卻得進公司說服產品發展和行銷部門的人，對我來說，那並不是愉快的一天。」

但在梅齊瑞眼中，好像一幅畫面愈來愈清晰可見。「我在超市裏聽到人們的想法，包括鋪貨上架的人員，以及身旁經過的消費者。人們總是對我抱怨，說他們喜歡太思提糕點，卻因爲罹患糖尿病而不能食用。但我從沒碰過任何人特別找我說，他們因爲選擇了低碳節食法，而無法食用太思提的產品。碳水化合物是很重要，但糖才是更大的問題。」

曾任康寶濃湯（Campbell Soup）行銷總裁的梅齊瑞很了解，人們的言行之間有所出入。他於康寶任職期間，曾參與低鈉湯品的推廣，最後眼睜睜看著計畫失敗。「大家都說要選擇低鈉或低碳的食物，但焦點團體（focus group。譯註：進行市場調查時抽選的一群消費者）一旦散會，他們還是照常上麥當勞（McDonald's），點餐時仍然選擇要加大分量，」梅齊瑞說，「我在食品界已經很多年了，看過很多事物和想法潮起潮落。人們對於『低碳』、『無糖』或『低鈉』這一類飲食的趨勢，只有在對他們會產生切身的影響時，才會遵循不悖。」梅齊瑞長期的經驗，影響了他對新聞和其他訊息的解讀。

太思提烘焙最後的確調製出無糖的產品線，以太思提糕點「理性品嘗」系列（Tastykake Sensables）爲名，於二○○四年八月正式推出。其產品成分中糖分爲零，每一人份只含淨重四到八克的碳水化合物，包括了原味和巧克力口味的甜甜圈、柑橘和巧克力脆片口味的迷你蛋糕和餅乾棒。該系列的成功超出預期，業績比原定目標高出一倍。到了二○○五年第二季，該公司經由路線銷售（route sales。譯註：定期拜訪固定客戶的營業形態）所得的淨值，比前一年同期增加了百分之八，這背後最大的動力就是「理性品嘗」系列。

但是，太思提的選擇眞是正確的嗎？歷史雖無法重來一遍，但梅齊瑞倒是有個觀察的機會，看看如果當初公司沒有放棄「低碳」路線，最後會有什麼結果。正當梅齊瑞推出無糖系列的同時，對手恩得蒙也推出了低碳系列產品。上市之後的頭幾個星期，梅齊瑞到超市觀察發現，恩得蒙的產品一上架就銷售一空。梅齊瑞選擇把焦點放在無糖的訴求上，是對是錯？一兩個月過後，梅齊瑞的直覺獲得了應驗。恩得蒙的低碳產品銷售不佳、存貨堆積，最後不得不下架，改而推出低糖的產品。梅齊瑞表示，「許多公司都撤掉了『低碳』的產品線。」到了二〇〇五年五月，《紐約時報》（*New York Times*）的一篇文章提到，許多低碳產品搖身一變成為低糖產品，文章斷言，「『低糖』已成為一種新的『低碳』」③。然而就在這一段期間裏，有些公司蒙受了上百萬美元的損失，有些卻獲得了上百萬美元的利潤。

儘管超市走道上那兩位女士幫助了梅齊瑞，使他看清了聚焦後的畫面，但她們卻不是他唯一的資訊來源。除了每周總要到超市巡視兩次左右，梅齊瑞也廣泛閱讀、時時與同業交流，並在與家人和鄰居對談時，激發出新的想法，有時，他還對公司內一千五百名員工的意見進行調查。他表示，「我們從許多不同的來源出發，進行三角交叉檢視。」公司最後決定採取「無糖」的策略時，梅齊瑞也詢問了基層運銷和作業人員的意見，他要他們扮演壞人，報憂不報喜地指出可能出錯的環節，如此一來，就算這個產品線失敗了，公司也能為這個賭注事先規避風險，不至於在該產品系列上投入過多的產能。

梅齊瑞指出，重點在於虛心以學，「就我觀察，大多數成功人士所做的最關鍵的事，就是把每一天當作新的學習經驗。我把自己的假設、先見都放在一邊，好像自己什麼都不知道似地展開一天的生活。人們失望、深受傷害，常是因爲他們自以爲知道答案，花時間企圖印證自己的觀點。我從來不認爲我擁有所有的答案。我總是在與別人的談話中突發奇想——譬如說我會問，如果我們用自己公司的卡車來運送玉米餅或水果等原料，那會如何？一旦受困於自己既定的模式，周邊視力就會退化，形成隧道式的狹隘視野（tunnel vision），有如以管窺天。人人都跟在別人後面走，不知不覺便走上了伸出甲板外的木板，最後墜入海中。」

周邊視力不佳的代價

企業可能從周邊訊息得到新見解而且因此獲利，但這獲利窗口開啓的時間卻很短暫，這正是周邊視力如此重要的原因之一。巴黎時裝伸展台上的流行概念，一轉眼便出現在沃爾瑪（Wal-Mart）大賣場的特價桿上。行動電話原本是高價位的商用工具，如今變成每位青少年口袋中必要的配備。參加派對到得太早，一個客人也看不到，但到得太晚，曲終人散，只落得收拾清掃的份。能看清正在發生的事並有效因應，是一項關鍵性的能力。

當太思提因周邊視力而獲利時，其他同業也正在想辦法回應低碳減肥革命。隨著阿金博士和其他低碳節食法如野火一般席捲美國，便出現了一個廣大的低碳食品市場：二〇〇四年一至九月間，低碳食品的銷售額即高達十六億美元。二〇〇三年與二〇〇四年，單單美國市

圖一・一：周邊地帶的風險與報酬

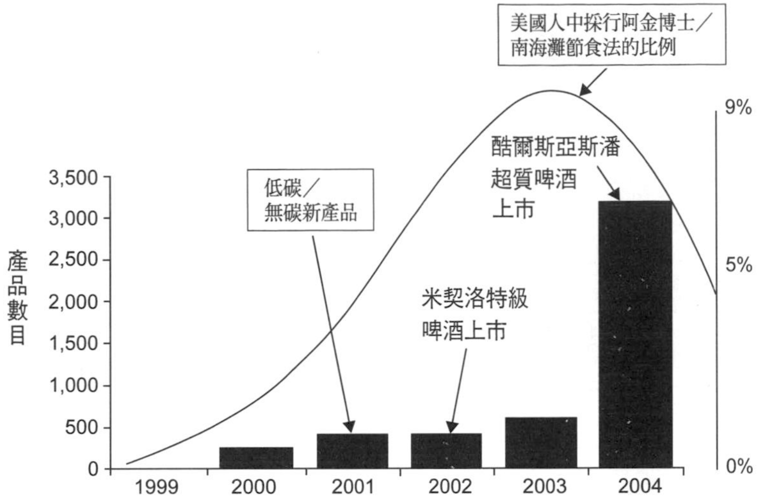

資料來源：NPD 市調公司「產品掃瞄」報告（ProductScan, NPD）。

場，就推出了三千七百三十七種低碳食品（大部分都是對既有產品略做變化）④。早一步認知到這股淘金熱並有效反應的市場先驅者，在這項有如瘦羊的產品上榨出了油水。二〇〇三年間低碳食品的銷售成長率，即超過百分之百。

不過，這個趨勢到最後卻踢到了鐵板。儘管市場上不斷推陳出新，低碳節食法的熱潮卻開始退燒。如圖一・一所示，美國民眾中追隨阿金博士和南海攤節食法（South Beach Diet。譯註：由一名邁阿密的醫師所提倡的低碳節食法）的比例，從二〇〇四年一月的百分之九，到九個月後下降為百分之四點六，但在同時，低

圖一・二：低碳節食法興與衰的部分徵兆

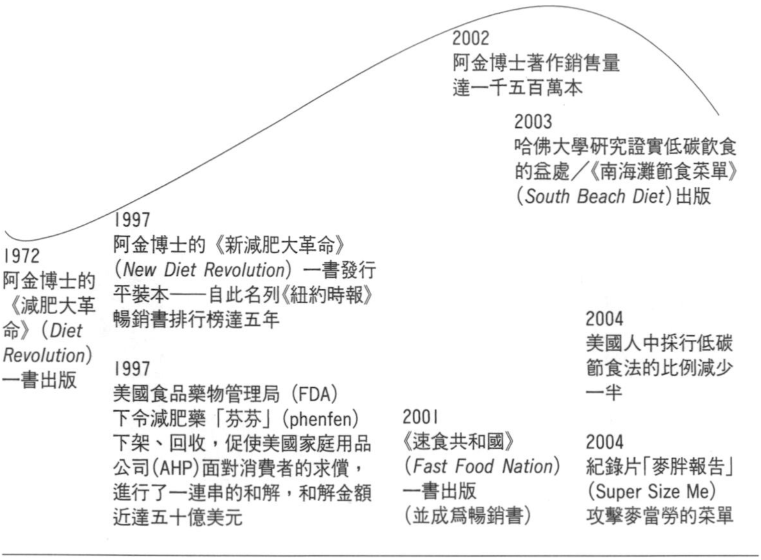
2002
阿金博士著作銷售量
達一千五百萬本
2003
哈佛大學研究證實低碳飲食
的益處／《南海灘節食菜單》
(South Beach Diet)出版
1972
阿金博士的
《減肥大革
命》(Diet
Revolution)
一書出版
1997
阿金博士的《新減肥大革命》
(New Diet Revolution) 一書發行
平裝本——自此名列《紐約時報》
暢銷書排行榜達五年
1997
美國食品藥物管理局 (FDA)
下令減肥藥「芬芬」(phenfen)
下架、回收，促使美國家庭用品
公司(AHP)面對消費者的求償，
進行了一連串的和解，和解金額
近達五十億美元
2001
《速食共和國》
(Fast Food Nation)
一書出版
(並成爲暢銷書)
2004
美國人中採行低碳
節食法的比例減少
一半
2004
紀錄片「麥胖報告」
(Super Size Me)
攻擊麥當勞的菜單

碳產品的數目卻增加一倍。如酷爾斯啤酒（Coors）等反應太慢的公司，在產品數量過多且市場縮水的時點，才投資上市新產品（見短文「酒店關門後才姍姍來遲」），他們就錯失了機會的窗口。

事後再回過頭來看，低碳減肥革命的興起和衰退之前，曾出現許多徵兆，圖一・二便列出了其中一部分。企業看到這些徵兆了嗎？在所有的訊息中，企業可以判斷出這些徵兆的重要性嗎？企業當時爲何沒能有效反應？周邊地帶的訊息通常微弱且不確定，以低碳食品爲例，企業所看到的畫面之所以模糊，是因爲消費者行爲既複雜又不可預測。每位消費者通常

酒店關門後才姍姍來遲

安霍伊塞—布希公司（Anheuser-Busch）是開發低碳啤酒的先驅之一，於二〇〇二年九月推出了米契洛特級（Michelob Ultra）的品牌。該產品很快地便成爲市場領導者，到了二〇〇四年三月，便攻佔了百分之五點七的淡啤酒市場。這項產品是該公司自一九八二年推出百威輕啤酒（Bud Light）以來，最成功的新產品＊。該公司及早迎向這一波浪頭，搭上低碳食品上揚的趨勢。相反的，酷爾斯啤酒最初選擇等待這陣「低碳」風潮消退，直到米契洛特級啤酒開始侵蝕酷爾斯淡啤酒的市場之後，才於二〇〇四年三月推出自己的低碳品牌——整整落後安霍伊塞—布希公司十八個月。酷爾斯的新品牌亞斯潘超質啤酒（Aspen Edge）缺乏新意又爲時已晚，就算酷爾斯爲其上市砸下了二千萬美元的投資，也於事無補，二〇〇四年七月達到的銷售高峰也只佔啤酒市場的百分之零點四，之後便一路下滑（二〇〇四年九月，一份針對分銷商的調查分析發現，受訪者中百分之八十七不相信亞斯潘超質這個品牌會有成功的一天）。當酷爾斯體認到「低碳」風潮並有所行動時，機會的窗口已被關上了。

＊ 安霍伊塞—布希公司二〇〇三年年報，第三頁。

對低碳飲食有自己的定義。企管顧問公司哈特曼集團（Hartman Group）於二〇〇四年的研究發現，採行低碳節食法的人中，只有百分之九會嚴格遵循原則。這份研究也發現，消費者中依照自己定義的低碳飲食的人數比例，高於採行正式低碳節食計畫的比例。除此之外，還有一項因素從中攪和。試用過低碳節食法的百分之三十四減重人士中，有半數在實行低碳節食法不到一年便中途放棄，這與採取其他節食法的情況類似。大多數減重人士專注於低碳節食的熱度，大約只能維持三個月⑤。

而這些減重節食計畫又如何轉變爲消費者購買的行爲，這之中的轉換過程更是複雜。舉例來說，哈特曼集團發現，雖然低碳節食法抨擊某些食物（如炸薯條和義大利麵食），消費者卻不會減少購買慣用的品牌，轉而偏好新的低碳品牌。市場不管從哪看來，畫面都很模糊，然而像太思提這樣的公司卻必須盡速採取行動。這麼一來，企業要如何改善周邊視力，才能更早看見環境中微弱的訊息，並採取更有效的因應呢？

警戒缺口

大部分組織所具備的周邊視力不足，我們針對全球一百五十名資深經理人的調查結果中，超過百分之八十的受訪者表示，其企業的周邊視力不足以應付所需，因此造成相當大的警戒缺口⑥。圖一・三顯示，以總度數爲七的量表來說，企業平均所需的周邊視力爲五度，

圖一・三：警覺性的需求增加

我們對一百五十位資深經理人所做的調查發現，他們對周邊視力的預期需求，高於本身企業目前的能力，因此造成了警戒缺口。

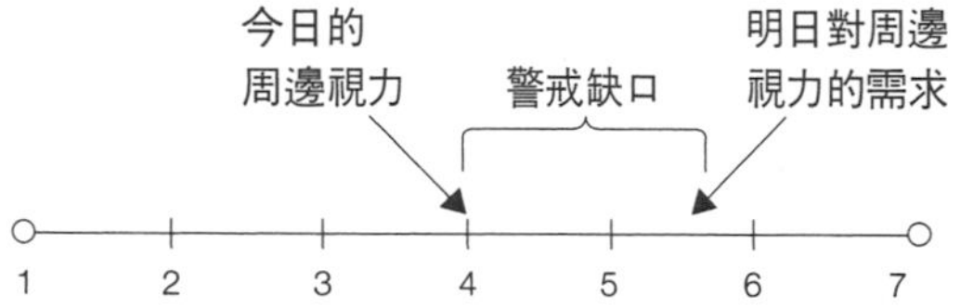

資料來源：二〇〇四年對歐美地區資深經理人進行「策略視力檢查」(Strategic Eye Exam) 的調查。

中間數(mean)則爲四度(貴企業組織的評比如何？可參考附錄A的「策略視力檢查」，評量貴企業的警戒缺口)。

企業組織應具備多麼優良的周邊視力？生物與企業組織的感官能力，必須符合所處環境的需求。例如，蜜蜂可以偵測到紫外線光，因此可分辨出各種不同的白色花朵；某些品種的飛蛾進化出偵測蝙蝠聲納的能力⑦，當偵測到這種聲納時，飛蛾便立即俯衝閃躲。這些飛蛾無法聽到任何其他種類的聲音，卻發展出這項十分專門的感知能力。但當環境改變時，危險便出現了——例如，當飛蛾飛進屋子裏，所面對的威脅不再是以聲納導航的蝙蝠，而是揮著掃把的人類，此時飛蛾特殊的感知能力便起不了作用。

同樣的，企業組織所需要的周邊視力，必須符合企業的策略、產業的脈動與環境的變化。一般來說，步調加快、日益複雜的社會，將使企業對周邊視力的需求提高⑧。舉例來說，過去總體價值達一千五百億美元的時裝產業中，廠商幾乎可以自作主張，決定將哪些季節性的趨勢帶入設計中，並且大量製造、大量銷售。如今，女性治裝喜歡採取混搭的方式，以營造出個人的風格。這是客製化（customization）大趨勢中的一個現象，其他如燒錄個人化的音樂碟片，到推出部落格和網路個人電台，在在反映了這個趨勢。許多零售商店大同小異，好像是同一個模子塑造出來的，現在也不得不改頭換面，建立獨特的、客製化的形象。時裝業者的手法必須更有彈性，例如Zara「快槍手」式（quick draw）的系統，更迅速地提供消費者更多樣的款式。如此快速的改變帶來了更多的不確定性，也因此更加提高了周邊視力的價值，周邊視力好的企業，才能比別人早看出市場和通路中的改變。

如圖一．四所示，有些公司具備足夠的周邊視力以應付環境的需要。例如，一些企業所處的環境相對較爲穩定，因此注意力集中、視野比較狹窄，就好像戴著眼罩的賽馬，在平坦無礙的跑道上向前奔馳。而警覺性高的企業組織，有著高度發展的周邊視力，能應付較爲混亂的環境，其周邊視力發達也是爲了符合所處環境的需求。相對的，有些企業組織所具備的周邊視力則超出環境的需要，由於感知超載而變得過於神經質，這類企業就算處於較爲平靜的環境中，仍巨細靡遺地檢視所有的事情，造成資訊過量和注意力缺乏——就好像過動兒一般，看到畫面變化快速的電視卡通，病情便會發作——這使得他們的競爭力，不如市場上其

圖一・四：周邊視力與環境

周邊視力的高低
（策略過程、文化、結構與能力）

周邊視力的需求
（環境的複雜性和多變性，
以及策略的積極性）

	低	高
高	脆弱	警覺
低	專注	神經質

他注意力較爲專一的對手⑨。

但根據我們的調查，企業最常見的問題是周邊視力低於未來所需，因此容易受到傷害。這些企業組織所在的環境或所追求的策略，都需要他們具備高度的能力，以檢視事業的邊陲地帶，可是他們的周邊視力卻不發達。他們多半患有近視，只注意手邊的業務，但就在同時，周邊卻存在了許多因素，實際上可能對營運模式或甚至整體產業造成改變。企業若周邊視力無法符合環境需求，將喪失機會並產生盲點，這不僅會影響企業整體，也會衝擊個人的事業發展（見短文「執行長們事先都沒察覺」）。座標上落於「脆弱」這個象限的企業組織，必須大大提升本身的周邊視力，才能對抗策略和環境所帶來的挑戰。而這個象限便是本書所要討論的焦點。

執行長們事先都沒察覺

好的周邊視力對你的事業來說有多重要？提供管理訓練的領導力智商公司（Leader-ship IQ），對一千零八十七位曾開除執行長的總裁進行測驗，問到他們解聘執行長的原因時，百分之三十一的受訪總裁表示，被免職的執行長未能處理好改變，百分之二十八認爲，執行長忽視了消費者，百分之二十七則說，執行長姑息表現不佳的員工，又有百分之二十三的總裁提到，執行長被免職的原因是因爲他們「否認現實」＊。換句話說，這些執行長被解聘的例子中，絕大多數是由於周邊視力不佳。

＊ Jessi Hempel, "Why the Boss Really Had to Say Goodbye," *Business Week*, July 4, 2005, www.businessweek.com/magazine/content/05_27/c3941003_mz003.htm #ZZZTCY70AAE.

周邊視力如何運作？

企業組織察知未來的能力，奠基在一套複雜的機制上，而以周邊視力作爲比喻，有助於凸顯這個複雜的機制。就像人類與動物的視力一樣，所謂的周邊，指的是焦點之外影像模糊的區域（見短文「中心視覺與周邊視覺」）。人類的視覺中，焦點視力（focal vision），也就是中心視力）協助我們專心於主要的工作，如閱讀或執行一項計畫⑩，周邊視力則幫助我們看到偷偷來襲的威脅，或在視野的邊緣發現機會。人類早期的進化中，周邊視力使我們察覺到即將縱身躍出的美洲獅，或是看到穿梭林間即將成爲我們晚餐的鹿。如今我們在駕駛和運動時，周邊視力仍然相當重要。

對組織——以及個人——來說，很難看見、理解，也不容易捕捉或閃避出現於邊緣地帶

中心視覺與周邊視覺

眼球中只有稱爲視網膜中央窩（fovea）的這一小部分焦點區域（大約等於手臂伸直時，目視到拇指指甲的大小），爲中心視覺所用。中心視覺的解析度高並以全彩呈現，周邊地帶則是以解析度較低的方式掃瞄。視網膜中央窩所涵蓋的景象最狹窄，但也最清晰分明；以周邊視力看到的景象，涵蓋範圍較廣，但愈靠邊緣就愈模糊。企業組織中，核心內部的活動與對外界環境的監控——例如，管理階層不斷檢視或呈報給投資人的資料——呈現於中央區域（或焦點區域）。但這焦點區域該有多寬或多窄呢？

的事物。就本質來比較，對周邊視力的界定、掃瞄、解讀、探索和反應上，所需要的策略和能力，與焦點視野需要的不同。不只是要接收來自視野邊陲的訊號，還得知道要看哪裏、要如何看。要能了解訊號的意義，也要知道何時該朝新的方向望去，並且知道該對模糊的訊息採取什麼反應。

視力牽涉到感知與解讀兩種活動的交互影響，因此，我們所看到的事物，通常會被我們的預期所限定。個人和組織可能太過專注一項任務，而忽略了環境中非常重大的改變，原因就只是因爲這項重大的改變，是發生在關注的區域之外（見短文「他們都沒看到大猩猩」）。

桿狀細胞與錐狀細胞：在周邊視力上的消長

周邊視力與焦點視力具有不同的運作過程和能力，因此強化周邊視力通常牽涉了一項成本。欲發展更能感受周邊微弱訊息的必要能力與程序，企業必須投入資源，而資深管理階層也必須投注心力，如此一來，便衍生出企業組織必須面臨的一項根本挑戰：焦點視力和周邊視力之間正確的平衡點爲何？

開車時如果不斷檢查車身側邊與後照鏡，便會降低對前面路況的注意。例如美國電話電報公司（AT&T）當初決定進軍個人電腦與其他領域的市場，這個策略不具建設性又會分散企業本身的注意力，最後AT&T只得放棄這些非核心的事業。有時候，什麼都看，反而

他們都沒看到大猩猩

我們在座談會上，利用了一部短片來說明周邊視力所面對的特殊挑戰。影片中幾名棒球員正在練習傳球，我們請問經理人，穿白衣的同組球員間，彼此互相傳球的次數有幾次（他們其實從沒傳球給穿黑衣的另一隊球員），而在同時，著黑衣的另一隊隊員也彼此傳著另一顆球。當經理人專心計算時，影片中有人打扮成黑色的大猩猩，緩緩地走過場景，並沒有打擾任何球員傳球。大猩猩到了畫面中央停了下來，搥胸示威，然後又慢慢離開。事後我們問經理人，球在白衣的隊員間傳了幾次，幾乎百分之九十的經理人都算對了。我們又問經理人是否注意到其他的事物，卻幾乎所有的經理人都沒有發現那隻大猩猩。之後，許多人要求我們重播一遍，當他們清楚看到大猩猩時，有些人認爲我們作假，另一些人則張口結舌，一副無法置信的模樣。個人可能由於太專注於一項任務，形成了隧道式的視野，而沒有注意到就出現在眼前的事物＊。

＊ 在以大學生為對象所進行的對照實驗中，大約百分之四十二的實驗對象看到了大猩猩；Daniel J. Simons and Christopher F. Chabris, "Gorillas in Our Midst: Sustained Inattention Blindness for Dynamic Events," *Perception* 28 (1999): 1059–1074.

什麼都沒看見。

人類的眼睛爲了周邊視力投入了相當多的資源，而這些資源就是視覺感應細胞。眼睛的構造中有兩種稱爲桿狀（rob）和錐狀（cone）的細胞。錐狀細胞集中於視網膜的中心，使我們在光線佳的情況下看到顏色和細節。這便是焦點視覺集中的部位。另一方面，桿狀細胞則散布在視網膜的邊緣，使我們能在光線不佳下或是以餘光來看東西，舉例來說，當你行駛在公路上，就要運用桿狀細胞，才能察覺隔壁車道上準備超車的另一輛車子。

人類的視網膜上，用於周邊視力的桿狀細胞，要比用於焦點視力的錐狀細胞來得多——桿狀細胞大約有一億兩千萬個，相較之下，錐狀細胞只有六百萬個。不過，若要設計一個專精於手邊工作的機器人——例如閱讀書籍和數錢的機器——這個比例便不合適。人類眼睛的構造，是爲了感應潛在的攻擊和機會。有多少企業組織投入於周邊與焦點視力的資源比例，接近於二十比一呢？我們猜測大部分機構的比例大概正好相反，如圖一．五所示，這使得企業容易罹患近視和隧道式視野。

改善周邊視力

作家約翰·麥克菲（John McPhee）在一篇文章中，敍述了美國參議員比爾·布萊德雷（Bill Bradley）大學時代的籃球生涯，提到布萊德雷在球場上，能精準地感知身旁其他球員的位置

圖一・五：正確的平衡點爲何？

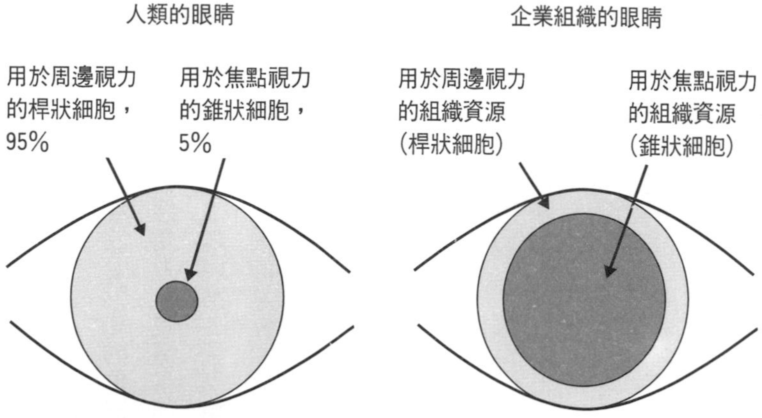

在人類的視力中，視網膜上大部分的細胞是用於周邊視力。

在典型的企業組織中，大部分的資源是用於中心任務上。

註：本圖的設計是為了顯示相對的比例，並非精確描述解剖學上眼睛的結構。

和行動。麥克菲爲了寫這篇文章，請了一位眼科學家測試布萊德雷的周邊視力，結果發現他的周邊視力非常發達，甚至超越了以一百八十度爲限的視野標準，實際上，布萊德雷的水平周邊視野涵蓋了一百九十五度。也許布萊德雷天賦異稟，但他本身也特意培養周邊視力。他小時候走在人行道上，會直視前方，同時又試著以餘光辨認左右商店櫥窗內所擺設的物品。後來在練球時，他會站在球場上不同的位置，背對籃框然後迅速轉身，當籃框一映入周邊視野的範圍、但還沒完全看清楚時，就伸手投籃。布萊德雷磨練出麥克菲所謂的超強「位置感」(sense of where you are)⑪。

許多其他的運動員也具有這種高度的能力，能注意到周邊地帶的一舉一動。例如，一名四分衛在傳球時，要能尋找到接應的隊友，並同時避開上前阻擋的對手，或是網球員一邊監看對手的位移，一邊又能追蹤球的位置。這些運動員處在複雜而又變化快速的場域中，對周遭的動靜具有很強的感知力，也懂得如何迅速行動。企業組織能不能發展出類似的能力，察覺商場環境的變化並加以因應？我們相信是可以的，本書其餘章節將詳細探討，企業組織強化周邊視力時所需要具備的過程和能力。

我們對資深經理人的調查發現，領導階層看待周邊地帶的態度，是構成企業周邊視力最重大的要素。企業組織看到什麼或理解到什麼，是由領導人來下定義，領導人也決定企業聽到的是哪些聲音。存在於不同層級的領導力，若不是將組織的大門敞開，接納來自外在環境和公司內部微弱的訊息，便是將企業的門窗緊閉，把訊息阻擋在外。就算周邊視力的各個機制和過程都相當健全，仍可能因爲領導人不正視或忽略微弱的訊息，而使得企業的周邊視力無法充分發揮。例如美國獨立革命期間、駐軍特稜頓（Trenton）的那位可憐的約罕・高利伯・羅爾上校（Colonel Johann Gottlieb Rall），他殉職時，口袋中還放著一紙有關喬治・華盛頓（George Washington）將大膽攻擊的警告。訊息是收到了，但領導人卻沉浸於派對歡樂的氣氛中，對這個消息顯然完全不予理會。

我們的研究也發現，一個鼓勵分享資訊的企業文化，對強健周邊視力非常重要。表一・

一是根據調查回覆所做的統計分析，概略列出組織中重要層面的要點。

像比爾・布萊德雷這類的運動員，不斷練習、強化掃瞄周邊地帶的能力，表現優異的企業組織也可以有系統地改進周邊視力，提高警覺性，使本身不再那麼脆弱。接下來的章節將探討達成這個目的的方法。

表一・一　脆弱與警覺的企業組織

	脆弱的	警覺的
領導力	狹隘地專注於目前的表現與競爭對手	同時專注周邊與核心地帶
策略制定	僵固的，著重靜態投資	探究的，以選擇爲導向
知識分享	專心追蹤事先選定的營運資料	專心蒐集並分享微弱的訊息
組織構造	向內看的設計 （如低頭觀臍〔navel gazing〕）	向外看的設計 （如抬頭觀星〔stargazing〕）
企業文化	僵化且順從	彈性且好奇

2

界定

要看哪裡？

有時候，必須利用望遠鏡

將視野擴大至適當的範圍，

才能看到遠方的美景；

又有些時候，必須使用顯微鏡，

將整個世界中某一小部分以適當的倍數放大，

才能看到細部的枝微末節。

如果你很清楚必須提出什麼問題，

便能輕易地建立適當的視野範圍尋找答案。

「判斷一個人，從他提出的問題看起，而非他給的答案。」

——伏爾泰（Voltaire）

一家大型的寵物食品製造商所使用的市場綜合數據顯示，該公司在單項產品的市場佔有率上，居於領導地位。這似乎是個好消息，但在實際上，若以更廣義的市場來說，寵物食品市場正在快速擴張，而該公司在整體市場的佔有率卻不斷滑落。例如市場上出現了寵物食品科學化的配方，是經非傳統通路和由獸醫師銷售，而這部分的統計並沒有反映到該公司的數據上。雖然經理人隱約察覺到這個趨勢，但仍然以過於狹隘的眼光來觀察市場，因此未將該公司在整體市場佔有率的損失顯示在市場報告中。他們甚至沒有注意到，該公司的市場根基正一點一滴地流失。經理們試著反省，既然早有訊息指出這塊新市場的重要性，爲什麼卻被他們所忽略。他們承認，這是由於自滿於使用從傳統管道取得的現成銷售資料。這一類的「眼罩」使經理人無法看到市場整體的畫面。在這個已經很擁擠的新市場中，該公司遲遲才加入，卻已無法引起消費者的注意。

運用周邊視力的首要挑戰之一，是決定視野範圍該有多廣。如果視野太窄，就像這家寵物食品公司一樣，將因視野以外的地方出現意外狀況而遭受打擊。但如果視野範圍設得太廣，又恐怕企業得承受過多無關緊要的訊號。企業要如何劃定出適當的視野範圍，才能看到所有重要的事物，卻又不至於浪費資源呢？

什麼是正確的範圍？這個問題無法直接導出答案——反而將引出更多的問題。視野範圍的劃定，與知識本身關聯不大，卻與好奇心較爲相關；界定視野範圍不是爲了知道解答，而是要定義出對的問題，藉由這些問題，才能顯示出我們目前知識的侷限，然後更進一步去發現該於何處尋找答案。譬如說，那家寵物食品公司原本可以這麼問：有什麼新的銷售管道或新的商業模式，將可能會打擊到我們這個產業？在所有寵物飼主形成的整體市場中，我們產品的市佔率爲何？就單一消費者的荷包來說，我們的產品佔其支出的比例又是多少？由於當初經理人沒有問這些問題，他們無法看見周邊地帶正在發生的事，最後發覺時卻已事態嚴重。

在這一章中，我們將檢視一組具有引導作用的問題，能超越狹隘的視野範圍，並指出可在周邊地帶中哪些地方尋找答案。藉著提出並回答這些問題，經理人的注意力將被導引至周邊地帶，其中有些部分可能蘊藏了大好的機會，有些則可能帶來重大的威脅。

視野範圍的挑戰

由於產業之間的界線愈來愈模糊，要設定正確的視野範圍，比以往更困難。例如電信與娛樂產業的公司，必須與各式各樣的業者競爭，包括電視遊樂器的設計公司、以點對點（peer-to-peer）交換網站協助非法下載的業者。製藥業愈來愈需要正視不斷更新的美國醫療法規（例如美國聯邦健康保險計畫〔Medicare〕對處方藥給付範圍的規定）、關切生物科技的重大突破，以及注意用來發掘新化合物的自動化技術（automated technologies）的發展等等。消費產品的製造商則必須正視美國社會中人口愈來愈多的西語族群，推出專門迎合這個族群喜好的食品與口味。

這些變化發生的區域，開始時，通常離公司原先的焦點區域差距甚遠，之後漸漸吸引了愈來愈多的注意。這些新興趨勢什麼時候才出現在公司的雷達螢幕上呢？經理人如何定義「已知世界」的邊緣，進而劃定周邊地帶的界線呢？正如眼睛看視線中心區域通常看得最清楚，大部分的組織對焦點業務也有非常明確的看法，但對於其他事物，所看到的畫面便不夠完整。新的法規如針對上市企業公司治理的薩班斯－奧克斯利法案（Sarbanes-Oxley Act），更將企業主管的注意力導向對焦點業務的監督、控管。如此一來，企業可能錯過哪些機會呢？

看得太少或看得太多的危險

如表二・一所示，有些組織未能察覺焦點地區以外的微弱訊號，因而自己喪失了機會，卻也因此爲其他的企業造成了機會。如果製造基因改造食品添加物的廠商曾問過：「選用食品時，消費者願意忍受多高的風險？他們對經基因改造的食品有什麼想法？」那麼這些廠商應早就發現大量的徵兆顯示，消費者對食品製造商難以信任。如果美國的藥廠曾問：「對於

表二・一 隱藏在微弱訊息中的機會

領域	周邊地帶中的機會	誰看到了	誰沒看到
科技的	數位革命	蘋果電腦與 iPod	音樂產業
	白色發光二極體（LED）照明	發光二極體業者	燈泡製造廠
	開放軟體	Linux，IBM	微軟，昇陽電腦
	CD-ROM百科全書	微軟	大英百科全書
	全球無線通訊系統（GSM）快速擴散	諾基亞	銥衛星行動電話（Iridium）
經濟的	隔夜包裹快遞	聯邦快遞、優比速	美國郵政總局，聯合航空
	搜尋引擎的潛力	Google	微軟
	點對點低價航線	西南航空，瑞安航空，易捷航空	聯合航空，達美航空，德國漢莎航空
社會的	運動與新時代飲料	Snapple 飲料，開特力飲料	可口可樂，百事可樂（初期）
	真人實事節目受到歡迎	真人電視秀製作公司	競賽節目製作公司
	年齡壓縮與對精緻化玩偶的需求	MGA娛樂公司（貝茲娃娃）	美泰兒公司（芭比娃娃）
政治的	愛滋病學名藥的非洲市場	印度製藥公司	主要全球製藥公司
	委內瑞拉社會不滿	查維斯總統	委內瑞拉國家石油公司
	住宅郊區對美國變動中的選民模型	布希與競選顧問卡爾・羅夫	凱利
	無人遙控飛行器（例如在伊拉克使用的靶機）	諾斯洛普－格魯曼公司（兩家併購成立的公司）	洛克希德－馬丁公司，波音

藥品廣告的增加、健保制度的修改，以及藥廠的高額成本等等議題，病患與消費者有什麼反應？」那麼，他們對大眾信心急遽下降，也就不會感到那麼驚訝了。

另一方面，由於組織的注意力與其他資源有限，企業的視野範圍若涵蓋太廣，將耗損資源。一項針對資深主管所做的研究得出一個結論，當知識的正確度愈高時，企業表現反而下降。知識太少可能會發生危險，但知識太多也帶來隱憂。主管一味地想獲取更多確切的市場評估，將導致資源的浪費，在某些例子上，甚至會造成立即的傷害[1]。企業所要面對的挑戰，是將視野擴大到適可而止的範圍，必須涵蓋環境中所有相關的部分，但又必須避免過猶不及。

設定適當的視野範圍

除了因應環境以外，企業也必須爲了適應組織的策略視野而調整視野的範圍。當美國亞培製藥公司（Abbott Laboratories）於一九六〇年代早期，自認大概不能成爲數一數二的製藥大廠，便將視野擴大，找尋周邊地帶的成長機會，以至於該企業後來在診斷產品、嬰兒營養品、醫院器材供應等方面的成功。另一方面，有些企業雖然處於快速改變的環境，但選擇堅守本業，以目前的範圍爲基礎，小心翼翼地向外擴張。這些企業的邊陲視野不需要太廣——只要足以看到鄰近的市場即可。例如，戴爾電腦（Dell Computers）將其「先接單後製造」的營運模式延伸到類似的市場，像是印表機和低階伺服器，繼而延續了其可觀的成長。同時，戴爾也十分注意這個焦點周圍的改變，譬如電腦與娛樂的結合，這對其焦點業務可能將有重大影響。

問對問題

範圍設定的好壞，在於能否問對問題，而且是與焦點業務不相關的問題。與焦點業務相關的問題，不僅明確，又具有針對性，但通常會變成例行公事，企業自動蒐集答案並以報表呈現，一目了然，典型的問題像是：我們的市佔率爲何？獲利如何？銷售量是否增加？員工離職率又如何？競爭對手目前有何動靜？經理人問答這類問題通常駕輕就熟（有時甚至到了偏執的地步）。

但在周邊地帶，最好的問題通常是開放性的，答案也較不明確。例如：哪些部分被忽視了？哪些問題因爲不曾被提出，所以也不曾有過答案？標準的分析著重的是有形的事物，但周邊地帶的挑戰，則是要對**沒有出現**在畫面上的有部分提出質疑。有些關於周邊地帶的問題，可能是假設性的，也有很多可能不是非常明確。要界定適當的範圍，就必須抱持開放的態度，包容模糊的概念，並且有勇氣冒險涉入不熟悉的領域。在周邊地帶，錯誤的問題能讓你有如無頭蒼蠅一般地團團轉，而幾個好問題，卻能幫助你辨識出看不見的機會。以下提出幾類「思考的起點」，主要的方法是以過去爲師、彰顯現況、爲未來做準備。提出並解答這些問題，能幫助企業組織測試自己是否擁有適當的視野範疇。

以過去為師

過去的經驗也許不能用來有效地預知未來，但卻可以指出公司或產業過去一再出現的盲點，也能從其他產業的經驗中，學習到可能適用於你的教訓。

我們會有過什麼盲點？從幾十年前開始回想起，將所有在你的產業中或產業周圍，曾經發生有關政治、經濟、社會、科技等等所有的改變，有系統地列出來。其中哪些對組織有重大的影響，但卻被公司管理階層忽略？公司的盲點有一定的模式嗎？如此研判的目的，是要看出你的組織對外在環境的應變能力如何（相較於改變發生的當時，你的反應是落後、同步，還是超前的？），並且要找出一再發生的盲點。譬如說，你也許對政治上的改變很敏銳，但卻一再忽視重要的科技發展。

以荷蘭的殼牌（Shell）石油公司為例，該企業因創新採用情境規畫（scenario planning）的方法，廣獲好評。殼牌比其他競爭對手更精準地看出一九七〇年代油價的大幅波動、一九八〇年代運油產業的供過於求，以及多次遠東經濟的衰退②。然而，殼牌卻好幾次因外在環境的變化而受到重創，這也許點出了殼牌在公司形象和媒體事務上存有盲點。最早的一次發生在一九八五年，該公司徵得英國政府的同意，欲讓作廢的儲油平台布蘭特史帕爾（Brent Spar），在離各國陸地好幾百公里遠的北海某處沉沒。雖然這可能是解決問題很有效率的工程方法，但綠色和平組織將它操作成轟動國際的事件，導致歐洲掀起抵制殼牌加油站的運動，最後殼牌不得不投入大筆成本改變計畫。之後同一年間，殼牌又在非洲受到重挫，原因是據傳殼牌支持奈及利亞一名隨意處決政敵的軍閥，再加上殼牌違背了公司原本對當地社區的承諾。

雖然殼牌是一家技術精湛的工程石油公司，但這兩個案例卻顯示出，殼牌以過於理性、短視的想法，來預期社會的反應；該公司的計畫團隊中，似乎工程專家比社會科學專家的人數要多。但值得肯定的是，殼牌深入了解了北海儲油平台與奈及利亞事件的來龍去脈，並且有系統地以利益相關人的考量爲出發點進行研究，大大地增加了該企業對社會與媒體議題的注意。殼牌並推動了一項有關這個領域的劃時代計畫，創立了一份令人讚賞的年度性文件，每年就殼牌在履行社會責任上的工作進展提出報告。這些行動中有好幾項，可說是史無前例的創舉。像殼牌這樣的企業，可藉由辨識出這類一再出現的盲點，將注意力導向檢視周邊地帶被忽視的部分。

其他產業是否提供了具有啓發性的類比？有時你可從其他產業的經驗中學到教訓。找出可供類比的產業或是市場狀況，身處其中的企業或曾於邊陲地帶遭受攻擊，或曾利用了興起的機會。你能從中學到什麼？舉例來說，由於奈米科技的發展，使得科學家能在分子結構的層次上精密地操控物質，因此創造出強力的纖維、講究精確的智慧型藥物，以及其他許許多多的創新發明。新興的奈米科技富含了極大的潛力，正如基因改造生物技術以往在歐洲的發展也極富潛力，但之後反對基因改造的人士煽動起消費者的恐懼，而零售業者也開始排斥這類商品。發展奈米科技的相關人士，可從基因改造生物技術的潰敗中，學習到什麼呢？

奈米科技所衍生出社會、法律、道德上的議題，與種種將基因改造生物技術妖魔化的議題類似③。例如，毒性研究已首先發出警告，表示奈米粒子有可能危害健康。此外，以奈米科技為基礎所發展出的感應與追蹤技術，未來可用於食品標籤上，但也引起了侵犯隱私的顧慮。並且，奈米科技發展者多為全球性的大企業，其動機常遭人懷疑——反對者可利用這一點引起媒體關注，並藉此籌措反對運動所需的資金。最後，對於奈米材料的釋出與控制，並無一貫的規定加以管理，這將引發監督與管理上的失察。

這些威脅可能不會在周邊地帶形成，但保持高度警覺總不會錯。目前已出現一些早期的徵兆，顯示出人們對奈米科技的顧慮。瑞士再保險公司（Swiss Re）便警告說，不可倉卒投入奈米技術，並指出了此項技術未知的風險④。一項實驗報告指出，處於充滿奈米粒子的水槽中的大嘴鱸魚，腦部出現了受損的狀況。

反對基因改造生物技術的運動之所以能奠基發展，主要是因爲大眾能輕易想像基因改造技術引發的害處，但卻不能看出基因改造過的種子——例如能抗除草劑的大豆——所能帶來的好處。循著這個思考脈絡可知，如果奈米產業期待消費者接受風險，則必須展現奈米技術可帶來的實際好處。其他具爭議性的技術——如核能發電——的發展經驗中，是否與奈米技術有類比之處，能對奈米技術發展具有啓發的作用？發展過程較爲成功的科技——如生物科技與個人電腦革命，是否與奈米技術也有相似之處？在尋找合適的類比的過程中，能發現企業尚未探索過的風險與機會。從這些類比中，我們能學到些什麼呢？

當經理人從他人的經驗中尋找類比的例子時，也就能以不同的鏡片觀察自身的情況，這便有助於凸顯出以既有觀點觀察周邊地帶時，可能被忽視的重要領域。例如，奈米技術製造先驅之一的三菱化學（Mitsubishi Chemical）——尤其是以製造碳分子富勒烯（fullerenes，或稱布基球〔buckyballs〕）著稱——便記取了基因改造生物技術的前車之鑑。三菱化學的邊境碳材公司（Frontier Carbon），於一九九三年開始奠定了將富勒烯商品化的基礎，這比它預期推出第一代商品早了十年。該公司主動提出分子粒子在環境和健康上所引發的顧慮。三菱體認到，政府未成立許可制度對奈米科技進行監督、檢測並提出擔保，使得消費者更加憂心，因此便推動相關法規的訂定。三菱與政府、學界領袖，以及其他相關人士合作，發展出限制人體、動物暴露於奈米物質的法規。三菱了解，產官學界先發制人進行合作、贏得大眾的信任，是這產業能否成功的必要因素，也才能避免重蹈基因改造生物技術的覆轍，不至於等到技術發展之後，才受到大眾反對的衝擊，基因改造生物技術的經驗，明白指出了正視大眾意見的重要性⑤。

在你的產業中，哪家企業擁有良好的記錄，總是能辨識出微弱訊息，並於競爭開始之前便及早因應？除了研究在你自己的企業和產業中出現過的負面影響外，也可向那些在發現周邊地帶變化上特別有效率的企業學習。他們的祕密是什麼？在某些例子中，這些不凡的洞察力可能只是運氣，但是如果某個組織一而再、再而三地比別人更早看見周邊地帶的變化，其根本的作法也許就值得其他人仿效。

例如，BB&T銀行（Branch Bank and Trust Company）是美國南方快速成長的地區性銀行之一，市場觸角從佛羅里達延伸至美國東北部。該銀行善於辨識擴張的機會，十五年間併購了一百五十九家銀行、互助銀行、保險公司和其他機構。他們是怎麼做到的？就這個案例來說，是因爲公司領導人藉由他所提出的問題和後續的行動將公司的策略定調。BB&T的領導人約翰・艾立森（John Allison），眾所皆知他有廣泛的興趣，他每個月總能讀完好幾本新書，並邀請銀行界以外的人士來公司演講，鼓勵經理人探索未知，這些舉動讓員工們大爲驚奇。身爲董事長與執行長的他，對員工諄諄教誨，希望能將深厚的價值觀——包括好奇心

——根植人心。這些價值觀幫助了他和其他同仁，使他們能一眼看出銀行界中新的併購機會，以及當新銀行整合到BB&T體系時，可能碰到的問題。該公司也利用了一套嚴謹的程序，以辨識有潛力的併購標的，在檢視標的時，不僅考慮客觀的條件是否符合，也考量較主觀的因素如企業文化能否相容。

每個產業中都有成功的故事，都有善於審視周邊地帶的企業組織。將這類組織列舉出來，評估他們與你自己的企業的相似程度，並探討有哪些最佳的作法可供你參考採用，這是改進你邊陲視力很好的起點。然而，以他人爲指標不過是個開始，是一種迎頭趕上的方法，讓自己不再那麼容易受意外影響。若要眞正的從周邊地帶得到競爭優勢，只有關照過去是不夠的，你也必須檢視現狀和未來，我們接下來便要針對這兩點進行討論。

檢視現況

接下來的問題焦點，是有關目前環境中可能被你忽略的事物。哪些訊號明明出現在你面前而你卻視而不見？你要怎麼做才能看到它們？你沒有注意的區域，現在正發生什麼事？

哪些重要的訊號在被你合理化之後，便不再加以留意？幾乎所有的意料之外的事都有前兆，麥克斯．貝瑟曼（Max Bazerman）與麥可．華金斯（Michael Watkins）在他們的《可預料的意外》（*Predictable Surprises*）一書中，就以九一一事件和安隆（Enron）案爲例⑥做了說明。然而，人們有很強烈的傾向，會忽略警訊並假裝一切安然無事。我們愈是聰明，愈容易將預告即將來臨的命運的重要訊號給合理化。當這類微弱的訊息浮出檯面，成爲明顯的威脅時，通常爲時已晚。例如，太空計畫參與人員先入爲主地認爲，隔熱泡棉片脫落對太空梭不會造成嚴重的問題——這是哥倫比亞太空梭失事調查小組稱之爲「偏差被常規化」（normalization of deviance）的態度——卻不幸導致了災難性的後果⑦。經理人面對的基本問題，是要能區分訊號與雜訊。對每一個微弱的訊號都進行評估是不切實際的作法，因此需要有老到的經驗能將訊息去蕪存菁，這大部分得靠經理人的直覺。仔細回想可能忽略了哪些訊號，將有助於喚起經理人的直覺。

要直接面對現實，經理人應該邀請組織內外的人士（例如通路商、經銷商和產業專家），坦白提供看法。焦點應該擺在組織主要領域以外的訊號或發展上，以及會對事業核心造成傷害的可能威脅。

但是你該如何辨認重要的訊號？我們發現的一個好方法是，選定一個訊號進行情境規畫（見圖二．一），想像它未來可能的發展，或者運用其他技巧對照出未來的狀況（future-mapping），刺激管理階層的想像力。放大訊號和探索環境變動的另一種方式，是透過特定的鏡頭檢視所處的世界。例如，墨西哥水泥公司（Cemex）使用所謂的「創新平台」，從環境的

圖二・一：不確定錐形體

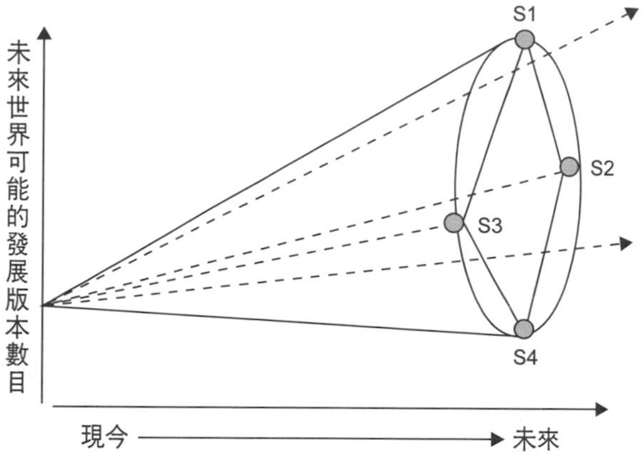

註：S1 到 S4 代表未來的情境。

變動中想出有創意的選擇方案，並仔細地做通盤的考量。區域經濟發展是其中的一個情境，經理人問，「從區域經濟發展中，有哪些是我們可以善加利用的機會？」之後討論並指出二到三項實際可行的機會，形成概念再進一步過濾、發展。其結果是，該公司體認到必須縮短建築所需的時間，供應中低收入戶的住宅需求。由這一點理解，便衍生出「加速建築」的製程。

以顧客的看法爲思考的出發點，導出的結果也指向了這個製程。墨西哥水泥公司的一位顧客表示，建築新住宅最重要的挑戰是缺乏技術高明的工人。這點觀察衍生出一個想法，水泥公司可提供住戶模鑄，讓住戶依照大型工廠中的製造方法，將水泥漿倒入模子中，自行製造出水泥磚，減少了對高技術勞工的需求。最後這成爲墨西哥水泥公司的核心業務，創造了近三千萬美元的產值，並將建造小型住宅的時間從二十四天縮短至三天⑧。藉由採用有系統性的思考過程，考量過環境改變或重大趨勢所隱含的意義後，墨西哥水泥公司便找出了新的機會。

特立人士和局外人試著想告訴你什麼？大部分的組織內部都有特立獨行的人，對周邊地帶有著極端或分歧的看法，但這些洞見很少被開發利用。組織也可與外部的特立人士、局外人建立聯繫、培養關係。你的公司必須找出消息靈通、不受傳統束縛、具有不同想法的人。他們也許是特立獨行的人，本性上就對企業的走向不甚滿意；他們可能對科技發展或銷售業務外行，但卻對新顧客和新技術有所見解，因此能就新業務提供點子。他們感覺出風向有了什麼變化，卻是組織中其他人所感覺不到的呢？正如安迪·葛洛夫在他的《十倍速時代》（*Only the Paranoid Survive*）一書中提到的，特立獨行的人要向高層主管解釋他們的內心感受，大部分都會遇上困難，而高層主管通常總是最後才知道的人⑨。

除了詢問特立人士的意見外，仔細傾聽基層的聲音，也能得到有關邊陲的重要看法。智慧不總是從上往下流動，因此傾聽來自組織內部的微弱訊息也相當重要。有效率的領導者在企業內外都有廣大的網絡。例如，有些執行長定期與不同階層的員工開會，就是爲了要聽見微弱的訊息。

想想製藥業者歐嘉隆公司（Organon，安科智諾貝爾集團〔Akzo Nobel〕的子公司）是如何發現一項抗憂鬱的新藥。該公司的某一項抗組織胺劑的臨床實驗失敗，無法證明其對花粉熱和其他過敏具有療效，但一名負責該實驗行政工作的秘書注意到，某些自願受試者的情緒特別愉悅。這一微弱的訊號若出現於其他組織，將仍隔離於周邊地帶。但多虧了這家公司鼓勵人員彼此對話，當這名秘書請經理人對這個發現加以注意時，他們便深入探討這個現象。他們發現，接受治療的那一群病患似乎心情比對照的實驗控制組的病患來得好。藉著偶然與探索，他們發現這個新藥其實對治療憂鬱很有效。歐嘉隆公司成功地發展並行銷了這個名爲 Tolvon 的藥（米安色林氫溴化物，〔mianserin hydrochloride〕）。在製藥產業中還有很多意外發現的例子，從佛萊明的盤尼西林到輝瑞（Pfizer）製藥的威而鋼（佛萊明於一九二八年發現盤尼西林黴菌，但他並沒有完全了解其重要性，直到一九三八年當牛津大學的病理學家霍華德·弗洛里〔Howard Florey〕碰巧讀到佛萊明的論文之後，盤尼西林的眞正價值才受到重視。而又再過了三年之後，弗洛里的研究團隊才完成了人體的實驗，揭曉了盤尼西林令舉世震驚的療效。佛萊明拾起的微弱訊息之後，經過十多年才被人進一步研究）。只有警覺性高的組織，才能因這種好運而獲利。

周邊地帶的顧客和競爭者到底在想些什麼？大部分的經理人自認爲他們對本身市場的現

實狀況，了解得很透徹，但他們專注的多半是目前的顧客群和競爭對手，而非較爲廣泛的潛在顧客和潛在對手。當然，企業必須照顧到目前對營收貢獻最多的顧客，並注意出現在雷達螢幕中心的競爭對手，但企業能從抱怨者與流失的顧客身上學到很多，尤其是大部分企業每年都有百分之十二到十八的顧客流失。對於流失的銷售額以及被對手搶走的合約，事後進行檢討和反省，將得出許多資訊，但前提是，進行企業診斷的人員必須敞開心胸，深入探究並與他人分享所知。

企業也能藉著察看部落格、網路聊天室、專門批判某家公司或產品的網站（例如 www.ihatemicrosoft.com）等等，得知顧客不滿意之處。舉例來說，寶鹼公司（P&G）於一九九八年瀏覽網路聊天室時發現，一項沒有事實根據的謠言指出，其布料除臭劑（Febreze）對寵物有害。寶鹼立刻加以回應，爭取美國保護動物協會和其他權威機構的支持，破除了這個謠言，並扭轉了消費者可能造成的大規模衝擊。

分析你目前消費者的「荷包佔有率」（一名顧客花在同一類別產品的消費金額中，有多少比例由你的公司所賺取，又有多少流向了競爭對手），以及察看市場佔有率（整體市場是怎麼被切割的），兩者提供了不同的觀察角度。消費者的開銷中大部分流向哪裏？企業該如何做才能得到大餅？聆聽抱怨者和流失的顧客的心聲，並且查閱部落格（下一章討論的主題），就能找到這些問題的答案。

企業也可以以較廣的客群爲考量。譬如說，印度的高科技公司ＩＴＣ就因爲將其焦點從都會區移往鄉村地區，結果發現了豐富的機會來源（見短文「全村總動員」）⑩。執著於公司業務目前的假設，使你忽視了哪些顧客？要如何才能改變這些假設？

狹隘地看待顧客將限制企業的機會，同樣的，短視地將焦點放在直接的競爭對手身上，也可能使企業看不見來自其他方向的威脅。從航空業到化學製造業，再到製造大型電腦中央主機的廠商，不論哪種產業，長期下來所要面臨的威脅，通常來自於能提供低價產品和服務的競爭者，而非提供更精緻的產品和服務的對手。例如，聯合航空（United Airlines）真正的競爭者，已證明是地方性的公司如西南航空（Southwest Airlines），而非像是美國航空（American Airlines）這類歷史悠久的航空公司。業者應該要提出疑問，哪些低階的產品可能從周邊地帶出線，進入價格敏感的市場中參與競爭。同樣的，經理人應該要問，目前合作的企業夥伴中，可能會採取哪些具有威脅性的行動？這些夥伴能向上游或向下游整合嗎？管理大師波特（Michael Porter）舉出的五種競爭中，對每一種都不可掉以輕心，尤其是有潛力進入市場的非傳統競爭者⑪。

想像未來

檢視過去與現在是很好的始點，但過去與現在並不一定是未來最好的指標。接下來的問

全村總動員

當許多企業將注意力集中於印度易於到達的都會區，ＩＴＣ公司卻體認到鄉村這一塊邊陲市場的潛力，並找出一個以科技將鄉村串聯的方法。根據以往的想法，鄉村農民總被認爲是不受青睞的市場，原因是鄉村基礎設備不佳、市場分銷通路過長，以及農民收入相對較低。但ＩＴＣ體認到使用先進的通訊科技，將印度農民與全球市場串聯的這一商機，建立電子中心——每一個中心由當地一名農民贊助——供應鄰近村莊之用。

這些農民原本依賴當地的穀物交易商，但現在藉由電腦和衛星網路所支援的ＩＴＣ的e-Choupal市集網絡，能查詢芝加哥交易中心的大豆期貨資訊。這些農民也利用相同的系統進行電子交易。大部分的公司忽視了這些鄉村地區的消費者，但ＩＴＣ仔細地觀察這塊市場，發展出有創意的解決方案，滿足這塊市場的需求，因此創造了一個興盛的網絡*。到了二○○三年，ＩＴＣ已有了超過三百萬名農民藉由五千多座電子中心與之連線，處理一億美元的交易量。這些偏遠地區與以往焦點所在的都會中心距離遙遠，但卻蘊含了可觀的商機。

* C. K. Prahalad, *The Fortune at the Bottom of the Pyramid* (Upper Saddle River, NJ: Wharton School Publishing, 2004), 69-72.

題將焦點放在未來，爲今日如何有效掃瞄周邊地帶提供指引。

未來可能發生哪些傷害（或幫助）我們的意外？未來可能發生什麼意外或改變，其影響力不遜於已發生過的意外和改變？你可能希望根據過去四十年中所發生的變動，預期你對未來五到十年的看法。例如，在金融服務業中，未來有什麼樣的意外，能與信用卡的使用、與撤回限制跨業經營的格拉斯－斯蒂格爾法案（Glass-Steagall Act）的重要性等量齊觀？如果你的事業是與家庭烹飪有關，未來有什麼樣的發明，將與冰箱和微波爐所造成的影響一樣大？

有時經理人會擘畫出一個過於理想化的未來，然後反過來推想，什麼樣的意外可能促成如此理想的未來。系統化思考的專家羅素·艾可夫（Russell Ackoff）稱這種方法爲「理想化的設計」（idealized design），是要求一群研究人員就未來某一理想的時點而進行的設計[12]。例如，一九七〇年代貝爾實驗室的研究員們接獲指示，假想貝爾所有的電話系統被摧毀的情況，在不考慮目前各方面的侷限下，想像並創造出未來的電話。這群研究人員不受過去的束縛，想像出各式各樣理想的功能，如語音郵件、轉接通話、自動撥號和音控指令。雖然我們今天已習慣了這些功能，但當初這些可都是激進、新穎的功能，比對手AT&T於一九七〇年代所能想像到的電信服務更先進，並且啓發了往後新功能的發展。

相同的，金偉燦（W. Chan Kim）與莫伯尼（Renée Mauborgne）在《藍海策略》（*Blue Ocean*

Strategy）一書中，則鼓勵經理人思考時超越傳統產業和市場定義⑬。他們認爲，眞正的機會是在市場與市場之間、通路與通路之間、產業與產業之間的空白地帶。他們提出了無數有關企業如何在尚無競爭的空間中創造新商機的例子。例如，太陽馬戲團塡補了傳統馬戲表演和劇場表演之間的空白，將成本過高的項目（如動物與馬戲明星），加入了故事的情節和神話，並且運用類似於歌舞劇精緻的音樂手法。這樣將元素混合呈現一舉成功，並使太陽馬戲團好多年都沒有再遭遇嚴峻的競爭。

經理人要找出微弱訊息，另一種方法是在公司中成立一個小組，或是從外部聘請顧問，假想自己是新的市場競爭者，自問將如何攻擊自己的企業。最近有一個顧問團隊藉由挑戰汽車工業的傳統方法，想像出一個新形態的汽車公司。實際上，他們所想像出下一世代的汽車製造公司，銷售的是「行動力」而非汽車。他們想像出一個「虛擬」的公司，將幾乎所有的活動都外包，從設計、後勤、出租產品到提供服務。零組件將由低工資國家的供應商組成的網絡所生產；組裝的工作則是在小型的工廠中進行，並就近分銷少量的汽車成品給予所在地的市場。該企業將把汽車出租給消費者，並在該車輛的使用年限中都保有其所有權。這個模式中的元素——微弱訊息——早已存在於某些不同的產業中。

什麼樣的新興科技將改變競賽規則？許多企業擅長於追蹤出可能影響其企業業務的既有

科技，但這樣的專注可能轉移了對新興科技的注意，而這些新興科技在未來可能非常重要。例如，第三代的無線通訊科技受到二．五代科技的挑戰，這項對既有二代技術改進後的技術，提供了意想不到的功能，侵蝕了第三代技術的優勢。

經理人必須把引導性問題的重點放在顧客身上，顧客的處境可能滋養出新興的科技。有三類客群必須受到重視：第一，企業過度服務的顧客，也就是那些認爲現有解決方案超過所需的顧客；第二，那些現有解決方案無法滿足的顧客；第三，那些處於周邊地帶的顧客，他們缺乏技能與資源來運用科技並從中獲利⑭。如果音樂產業於一九九六年前後當網際網路出現時，便對這些顧客的處境進行過分析，那麼他們便能及早發現點對點音樂下載的現象，並理解到這個現象符合了尚未滿足的消費需求——消費者渴望能由網路取得不以專輯爲購買單位的大量單曲。若有了這層認識，合法的檔案分享模式可能更早就能出現，而斬斷 Napster 所開啓的非法免費交換音樂檔案的風氣。

要追蹤哪些科技，得視特定的企業與產業而定，但在組織中應該要有人以創意的角度，檢視新科技對企業將如何造成影響。這正是奇異公司（General Electric, GE）提出的「毀滅你的企業」（destroyyourownbusiness.com）這項計畫的目的；這項計畫要求各事業單位，利用網路企業模型，試著破壞他們目前的事業體。經理人在檢視科技發展的周邊地帶時，要做到什麼樣的程度才夠？短期間——比方說大約十年之內——將影響企業的科技，大部分目前應該正在某個實驗室或某份學術期刊中，甚至也許就在公司自己的實驗室中，祕訣在於要讓企業領導階層能比競爭對手更早看出這些科技的潛在意義。類似的探索也可以用來判斷其他的趨勢，例如人口學上的變化、政治的變動，以及環境中其他隱隱約約的變化。

是否有超乎想像的情境？要看出未來可能發生的意外所造成的整體影響，經理人至少應發展出一種超乎想像的情境。這個情境雖有可能發生但機率非常低，以至於被認爲不值得考慮。仔細思索一下這些無法想像的可能性——正面的或負面的——你便能找出不同的方法，來詮釋目前環境中的訊息⑮。若不採取這樣刻意的方式，便自然會以固有的思維模式，來理解任何輕微的動靜。從一副撲克牌中抽出一張紅桃展示在一群觀眾眼前，人們通常會認爲它是紅心，因爲他們硬把這張反常的牌，想成正常的四種花色之一，想像不到居然會出現這樣的花色。但曾思考過出現紅桃的可能性的觀眾，就有可能看出這個狀況。

由於我們對自己的知識通常都太有把握了，因此低估了未來的不確定性。例如在一九九〇年代初期，筆者之一曾幫助委內瑞拉國家石油公司（Petróleos de Venezuela SA, PDVSA）建構未來的情境。最常見的未知狀況——從油價到出口市場——得到我們最多注意，但委國後來發生的事，卻不是我們所想像的任何情境——平民派的領導人查維斯（Hugo Chavez）的崛起，他挑戰了既有政權、宣布戒嚴令、將石油公司國有化，並在某個星期天下午對全國發表電視演說，將公司高層主管全數撤職。這些是不理性的情境，那時政治環境中是否可以看出有關的徵兆呢？回頭來看，徵兆當然是有的，但這個情境在當時是無法想像的，至少在委內瑞拉國家石油公司主管的心中是如此。同樣的，柏林圍牆倒塌也是不理性的情境，許多政治人物和組織之前都無法想像。

相反的，當安隆企業的聯邦信用部（federal credit union）於一九九九年進行未來情境的模擬時，經理人不情願地冒著冒犯母公司的風險，想像安隆母公司可能會崩解。當時這樣顛覆性的假設，贏得世界各地投資人、媒體和企管大師們的讚賞，但當這個不可想像的情境眞的發生時，安隆聯邦信用部也確實迅速地反應且渡過難關，正是因爲他們曾思考過這個可能性。通常在周邊地帶可隱約看出早期警訊，暗示了蠢蠢欲動的騷亂。在信用合作社業界中，曾發生過許多母公司突然消滅的事件，不過通常不是因爲弊案，而是因爲企業併購，結果使得附屬的信用部門也隨母公司而消滅。如果你挖掘這些警訊，再將它們組合起來，放在似乎不可能發生的情境中，也許就能較清楚地看見藏在邊緣地帶的威脅或機會。反之，你可能輕易地將反常的事物歸類爲不值得一顧，或將其合理化，融入你既有的世界觀中。

結論：望遠鏡與顯微鏡

有時候，必須利用望遠鏡將視野擴大至適當的範圍，才能看到遠方的美景，又有些時候，必須使用顯微鏡，將整個世界中某一小部分以適當的倍數放大，才能看到細部的枝微末節。如果你很清楚必須提出什麼問題，便能輕易地建立適當的視野範圍尋找答案。本章所提出有關過去、現在和未來的問題，幫你照亮了周邊地帶中可能值得多加注意的區域。你將看出畫面中缺了好幾塊拼圖碎片，或者像福爾摩斯一樣，能注意到狗該叫而沒有叫。你的視野範圍能因此擴大，將這些原本缺少的拼圖碎片都包含在內，如此一來，當你要將點連成線，進而勾勒出圖案時，才有正確的點可以連結。

我們列出的引導性問題是很好的出發點，可藉以針對積極掃瞄的範圍，進行策略性的問答討論。選擇哪些問題得視情況而定，必須考慮你的策略、以往環境中受到壓力之處、資深管理階層的顧慮，以及傳來的微弱訊息等等。運用方法揭露不確定性，例如情境分析（第五章中將有範例），以及策略性風險管理等方法，可爲適當的問題提供更多的資訊⑯。

視野範圍的選擇——正如引導性問題所揭示的——並不是靜態的，而是持續反覆的過程，導引組織的好奇心(見附錄B中，對經濟學研究與作業研究的搜尋規則更進一步的討論)。你必須就目前掃瞄周邊地帶所得到的成果，不斷地檢討、更新問題；如果在一個有潛力的區域中找不出感興趣的資訊，那麼你可能應該縮小視野範圍。之後的章節將討論如何對周邊地帶進行掃瞄和解讀，從這些過程得到新的見解後，再引伸出新的疑問。這實在是一個學習的過程，讓你的企業能預先做好準備，面對下個轉角將出現的狀況。

當問題指出周邊地帶中必須考量的新領域後，下一個挑戰是得決定，如何就該特定區域進行掃瞄。例如，如果你的公司已體認到，有必要了解大眾的意見，或者去認識那些不曾接受你的服務的顧客，那麼該如何爲這些以往不熟悉的領域，蒐集相關的資訊呢？下一章將討論掃瞄的過程，並且將提供掃瞄周邊地帶特定區域的方法。

3

掃瞄

要怎麼看？

結合有目標性與沒有目標性的搜尋可能比較理想。
例如美國聯邦調查局（FBI）訓練探員
使用的掃瞄方式稱爲「散射的視覺」，也就是從遠距離、
以不鎖定特定對象的方式掃瞄一群群眾，
找出可能進行暗殺的兇嫌。
幹員要從上百個臉孔中，找出一名暗殺殺手，
可疑的活動將引起幹員密切的注意。
一名探員藉由均衡地運用有目標性和沒有目標性的掃瞄，
可以在一片相當廣泛的範圍中，找出麻煩的徵兆。

「他們不是看不見解決方法，而是看不見問題所在。」

——卻斯特頓（G. K. Chesterton）①

一家醫療器材公司提出一個問題自我挑戰：「市面上可能出現什麼藥物治療，搶走我們醫療器材的生意？」如前一章所討論的，這家企業因為提出了這個問題，擴大了視野範圍，以往僅留心醫療器材同業的動靜，現在也關注起不同的競爭者和消費者。不過，一旦視野範圍擴大了，經理人要如何回答這類問題呢？為了驗證假設，該公司組成了一個小組，負責打造出一種療法或商業模式，可擊潰公司目前的業務，這項任務得靠小組人員主動積極地掃瞄，找出新的思考方法、新興的科技，以及新穎的商業模式。這個問題所關注的焦點，不僅是在醫療器材市場上與該公司直接競爭的對手，也包括從事藥物療法的潛在競爭者，以及相關的企業與學術研究。小組人員進行掃瞄時，必須觀察目前的顧客與競爭者之外的人士，比較消費者使用藥物治療和使用醫療器材的態度有何不同，並且更廣泛地考慮社會和法規的力量，對企業所處環境可能造成的影響。要在周邊地帶看出更多資訊，組織就必須改變掃瞄的方式。

前一章所列出的問題，有助於決定要在周邊地帶的**哪些區域**尋找微弱的訊息。本章所要討論的則是，組織可以以**何種方法**往這些方向觀察。經理人要看到周邊地帶裏新的部分，一定要採用不同的掃瞄方式。本章將提供一系列掃瞄的方法，捕捉並放大周邊地帶目標區域中的微弱訊號，這些領域包括：企業內部、顧客與通路、競爭場域（身處其中的競爭者與互補者）、科技、政治、社會與經濟的力量，以及具有影響力和能塑造趨勢的人物與組織。

積極掃瞄

積極掃瞄與消極掃瞄不同。所有的經理人都會掃瞄，但他們通常採取被動的方法。他們將天線高高舉起，守株待兔地接收外界的訊號。他們不斷接到豐富的資訊，從有關交易謠言的模糊印象，到銷售報告、趨勢研究、科技預測等等比較可靠的證據。這些經理人也追蹤能反映企業表現的數據，和其他用來評估可靠性（accountability）、維持控制、導向六個標準差目標的相關指標等等②（雖然這些系統設計當時，出發點都是積極的掃瞄，但現在大部分都已成爲慣性的、消極式的掃瞄）。

經理人運用這些消極的方法，自以爲掌握了周邊地帶的脈動，但這可能只是個錯覺。因爲這些資訊大部分來自於熟悉或傳統的領域，這種掃瞄似乎更強化了普遍的認知，卻不能挑戰既有的思維。因爲這些數據具有強烈的針對性，著重的是目前的營運，與主動積極的掃瞄目的背道而馳。沒有空間進行探索，這種被動的立場窄化了掃瞄，好奇心也變得遲鈍，出乎意料與不爲人熟悉的微弱訊息，很可能就這樣地被忽視了。

相反的，積極的掃瞄通常是對一個特定問題主動的回應，例如前述醫療器材製造商所問的問題，或是前一章所討論的引導性問題。積極掃瞄反映了強烈的好奇心，以及強調周邊偏遠、模糊的邊境。例如，一家廣告公司與其客戶可能對電視廣告的效果及產業趨勢，進行消極的掃瞄，但經理人可以積極地提出問題：「愈來愈多人上網取得資訊，並且愈來愈懷疑廣告的可信度，這個現象將造成什麼後果？」積極掃瞄通常是由假設性的問題主導，如果牽涉到關鍵性的議題，甚至必須先提出多重的假設③。當組織就多元的論點進行思考時，可能任用企業內、外的人員合組成研究團隊，並運用各種不同的工具，使用科學化的方法先提出假設，之後再進行觀察、揣測和驗證。

隨機選購雜誌：有目標性與沒有目標性的掃瞄

經理人進行有目標性的掃瞄時，是為了一個特定的問題找答案，不過，積極的掃瞄也可以是沒有特定方向的。沒有目標性的掃瞄，是較不受拘束的探索。例如，巴克敏斯特·富勒（Buckminster Fuller）發展出他個人系統性的掃瞄方式。每當在機場，他便在書報攤隨機選購一本雜誌，在飛機上從頭讀到尾。某次旅行時讀的雜誌可能與園藝有關，另一次則與時尚或飛機設計有關。每一回旅行，富勒便學到一些新的東西，以新的方法看待世界。經理人在旅行中都能效法這個作法，由他人的觀點閱讀，尤其是我們現在都把自己的電腦給客製化了，設定電子報的收發，只接收我們認為有關的資訊。運用沒有目標性的搜尋，可能為我們還不知道的問題，或是還不知道該怎麼問的問題，提供解答。

處於動盪的環境時，積極、開放的掃瞄尤其重要，因爲在這樣的環境中，預料之外或遠離核心的資訊，可能非常關鍵。在複雜的環境中，掃瞄必須以假設的問題爲動機，但事先不可預設結論。在穩定的環境中，消極的掃瞄也許就足夠了，而在變動緩慢的環境中，消極但開放的方式也可能有用。不過，理想上，你的組織最好能依需要，運用積極與消極兩種掃瞄方式。

散射的視覺：見樹也見林

結合有目標性與沒有目標性的搜尋可能比較理想。例如，美國聯邦調查局（FBI）訓練探員使用的掃瞄方式，稱爲「散射的視覺」（splatter vision），也就是從遠距離、以不鎖定特定對象的方式，掃瞄一群群眾，找出可能進行暗殺的兇嫌。一旦探員鎖定目標，便要尋找異常或變化：哪個人坐立不安、左顧右盼、慢慢將一隻手伸進外套口袋？幹員要從上百個臉孔中，找出一名暗殺殺手，可疑的活動將引起幹員密切的注意④。一名探員藉由均衡地運用有目標性和沒有目標性的掃瞄，可以在一片相當廣泛的範圍中，找出麻煩的徵兆。

當經理人在工作上採用散射的視覺時，可以先訂出一個廣泛的假設，藉以將注意力的焦點集中，但對於落於此假設以外的資訊，也必須以開放的心態接收。一個組織中可能有一組監控的單位，廣泛地以全球爲掃瞄的範圍，針對策略性的問題尋找答案，另外再配合特別行動小組或機動的「特戰部隊」（SWAT），針對特定的危險地區，進行有目標性的深入探索。企業可藉此方式建立廣泛的視野，而又不需針對全球每一小寸細節，進行成本高、複雜性高的監控。

周邊地帶特定區域的掃瞄策略

周邊地帶不同的區域——如圖三・一所示——需要不同的掃瞄方法。有些區域是進行競爭分析、科技預測和市場研究時，重要的資料來源；其他則可運用新科技於網路上搜尋，或者以隱喻誘引技術（metaphor elicitation）、先驅使用者分析（lead-user analysis）、趨勢追蹤和其他方法，增進企業對消費者更深入的認識。我們將針對周邊地帶中的每一區域進行討論，提供運用實用方法的原則。

開始掃瞄企業內部

積極掃瞄可以從隱藏在企業內部的看法開始。在許多組織中，決策者取得內部知識的管道並不通暢。例如，有一名執行長正在蒐集與其競爭關係並不激烈的對手公司的資訊，在一個管理高層的會議中，製造部門的副總經理隨口提起，該對手正在購買與他們一樣的設備，

圖三・一：捕捉周邊地帶的微弱訊息

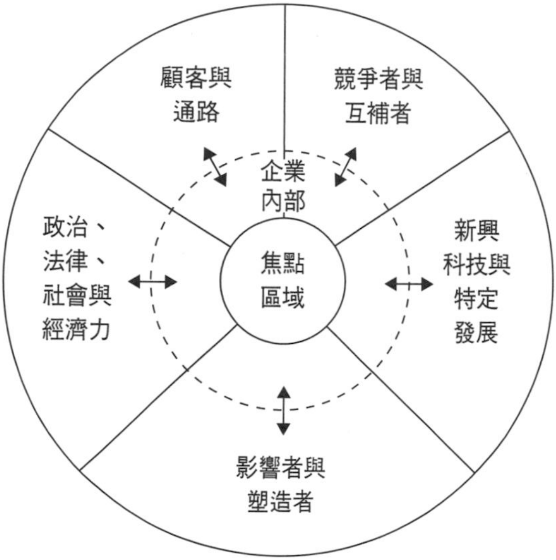

顯示對方企圖正面挑戰。這項競爭性的情報早已存在於企業內部，但在這次會議之前，該名副總經理對企業整體的策略所知不詳，以至於不知道這項情報的重要性。組織的規模與範疇使得情報四散於組織各處而無法統整。實際上，組織對本身所擁有的知識並不清楚，也無法將所有的見解公開呈現，並以有意義的方式整合。

企業愈大，其與周邊地帶的接觸點便更多，譬如，銷售人員與顧客時時接觸，發展部門在商展上聽到小道消息，零售人員接受顧客的抱怨並得知顧客要求新型的產品，而財務人員則洞悉競爭對手的資本需求。每一個接觸點都有潛力成爲有價值的訊息前哨。例如，大部分企業都有客服電話中心，但許多公司對客服中心的看法，都只是認為該部門的成本應盡量降低，而不把它視為傾聽訊息的前哨。不受重視的結果，是這些與顧客接觸的人員常缺乏專業，不能辨認並適當地解讀微弱的訊息。

要增進掌握周邊地帶知識的能力，必須要㈠具備適當且公開的管道以分享資訊，㈡掃瞄時所運用的引導性問題，必須廣為內部人員所知，並且㈢提供動機，鼓勵人員確實分享有用的資訊。人們必須經常進行無拘無束的對話，彼此才能自然而然產生必要的聯繫。要做到這一點，就必須培養一個互信、尊重和好奇的企業文化，並且體認到資訊分享的重要性。許多企業資訊分享的模式，仍是以「用得到才需要知道」的想法為基礎。在第七章中，我們將深入探討知識分享的功用。

傾聽市場的聲音

除了掃瞄企業內部外，企業也可以對外關注顧客與通路。消費者可能主導某一項特定產品使用方法的設定，或者改變原本設定的使用方法，例如，使用手機傳輸簡訊，或者使用潤膚霜來驅蟲。再者，手機的按鍵原本並非為了傳輸簡訊而設計，由於消費者（尤其是青少年）熱中於傳收簡訊，聰明地發展出簡寫的方式，克服了硬體設計上的限制。消費者也塑造了醫療保健的領域，例如自行服用維他命、採取獨立於西醫之外而發展的另類療法——例如整脊

（chiropractic）與順勢療法（homeopathic）等。然而，大量的例行會報、地區銷售資料、新聞發布、定期市場調查和其他資訊來源，通常使市場的周邊地帶變得更爲模糊。

原本就多到不勝負荷的大量訊息，更因網路而倍增，但網路也提供了機會，可利用不同以往的方式檢視消費者的想法。已出現愈來愈有效的工具，可協助監控、解讀大量網路資訊，就好像是追蹤暴風雨的衛星系統一般，能辨識出企業出現風暴或晴天的模式（見短文「駕馭網路」）。

觀察顧客與通路變動時，最常出現的毛病是自大（「我們知道市場要的是什麼，因爲是我

駕馭網路

哪裡是找到下一位瑪丹娜(Madonna)或其他演藝新星最好的地方？有個好方法可以找到這方面的領先指標，那就是閱讀高中的校內報刊。要密切掌握美國所有高中最新出版的紙本校刊，是件令人吃不消的任務，但現在出現了電子版的校刊可供人上網瀏覽，並且在這種邊陲的刊物中發現流行的趨勢。大企業藉由掃瞄網路，就能夠發掘不知名的少年記者的想法了。

雖然網路可能造成過多的資訊，反而有遮掩周邊地帶視線的危險，但目前已可借助新的科技來擷取資訊的精髓。ＩＢＭ的「網路泉源」(WebFountain)的搜尋服務，能消化大量的網路訊息，並建立一個可供積極掃瞄與提出疑問的平台。「網路泉源」遵循網站通訊規章，以及與內容提供者協定的慣例，搜尋網站、部落格、電子布告欄、企業資訊、經授權刊登的網頁內容、報章雜誌，以及商業性刊物等，每天的胃納量大約爲五千萬頁的新網頁。網路上大部分的資訊都是沒有結構性的。「網路泉源」爲內文進階分析的解決方案，提供了一個整合性的基礎設施，以處理有結構性與無結構性網路資訊。這個系統受到ＩＢＭ正持續進行的多項研究計畫的支持——五個國家共超過兩百五十名科學家共同參與，進行進階的內文分析研究。

「網路泉源」可以用來追蹤企業的聲譽，察覺負面的消息或投資者的不滿，追蹤趨勢與競爭資訊，辨識逐漸浮現的競爭威脅，並了解消費者的態度。不過，這個工具的效能強弱與否，得視使用者所提出的問題品質好壞而定。

們到公司外進行銷售的」）與自滿（「這些資訊對以前的同仁來說夠好，那麼對我來說也夠好」）。企業可以以各種不同的方法，積極掃瞄周邊地帶⑤，避免被這些閉塞的觀念所誤。方法如下：

- **追蹤抱怨顧客與轉向顧客**　正如前一章所討論的，要增進企業對顧客的注意，可以從了解抱怨者與流失的顧客開始。這兩群顧客雖然採取的方式不同，但都表達了需求未能被滿足的挫折感。由此可以了解顧客累積的不滿，或者察覺有潛力的市場機會（見短文「留意部落格」）。
- **追蹤趨勢**　廣泛追蹤社會趨勢，有助於辨認可創造新價值的機會。顧問公司如偶像文化（Iconoculture）便追蹤有關生活形態的趨勢，並進一步檢視這樣的趨勢可以爲企業創造什麼機會⑥。其他組織則追蹤社會趨勢（例如，揚克修行銷研究公司〔Yankelovich〕或陽獅廣告集團〔Publicis〕）、科技趨勢（例如，佳騰顧問公司〔Gartner〕或佛瑞斯特市調公司〔Forrester〕），或政治趨勢。
- **找出潛在需求**　潛在需求有種古怪的定義，指的是「很明白但卻不怎麼顯著」的需求，而這個定義中含有嚴肅的訊息。尋找潛在需求，可彌補結構性的市場研究方法的缺點——這種研究方法是套用既定的尺度，從大量的樣本中取得標準化的回應。結構性的

留意部落格

二〇〇四年九月十二日，一名匿名爲「不美之學」的自行車愛好者，在一個線上討論區貼了一則啓事，指出只要以一支普通的原子筆，就可打開可利泰（Kryptonite）牌子的自行車鎖。這則訊息很快地便被著名的部落格轉載，在網路世界中流傳開來。一週以後，可利泰公司——母公司爲英格索蘭（Ingersoll-Rand）——發布了一份不具承諾的聲明表示，其下次推出的新款鎖將會更「堅固」。消費者的不滿仍持續擴散，而這個議題從部落格滲入到主流媒體，《紐約時報》與其他刊物都報導了。由於媒體的注意，估計九月十九日之前，約有一百八十萬人都看過有關可利泰的貼文，這時該公司的麻煩可大了。到了九月二十二日，距離原始貼文出現不過十天，該公司宣布將免費退換任何受影響的鎖，估計產品市值約一千萬美元＊。就如引用不實資料的新聞主播丹・拉瑟（Dan Rather），與帶有白人優越感的美國參議員傳德・羅特（Trent Lott），在遭到部落格文章批評後，學到了教訓，了解部落格可以將周邊地帶的微弱訊息，以迅雷不及掩耳的速度，拉到眾所矚目的中心地帶＊＊。企業可以藉由小心監看部落格而學到很多。有些企業如昇陽（Sun Microsystems）、Google 和雅虎（Yahoo!），都已建立自己的部落格，積極主動地與顧客和員工溝通，並對周邊地帶出現的顧慮進行了解＊＊＊。

＊ David Kirkpatrick and Daniel Roth, "Why There Is No Escaping the Blog," *Fortune*, January 10, 2004, 44-50.

＊＊ www.cnn.com/2004/TECH/internet/09/20/cbs.bloggers.reut/.

＊＊＊ David Kirkpatrick, "It's Hard to Manage If You Don't Blog," *Fortune*, October 4, 2004, 45.

市場研究，可從明顯的需求中找出不同之處，但卻模糊了潛在的需求和尚待解決的問題。舉例來說，本能財務軟體公司（Intuit）專注於這些潛在需求，因此懂得將業務從個人財務管理軟體，進一步發展到簡易版的報稅軟體，之後又開發出迷你企業專用的會計軟體。管理學上已發展出許多技巧，協助企業清楚看出潛在的需求，例如問題辨識法（problem identification）、敘述故事法（storytelling）與「階梯法」（laddering）等等，能更深入探討消費者潛藏的信念⑦。其他方法，如觀察產品購買的行爲（例如新力〔Sony〕和夏普〔Sharp〕等品牌於旗下負責蒐集消費資訊的分店中觀察顧客），深入研究顧客經濟學（包括「以消費者的身分過一天」），以及採用隱喻誘引法（metaphor elicitation），都可進一步闡釋消費者的價値觀和態度。但若不能仔細聆聽，解讀故事裏和所觀察行爲中的訊息，那麼，再怎麼深入挖掘資訊，也發揮不了作用。

• **向先驅使用者（lead user）借力使力**　有些使用者的需求領先市場，他們想盡快找出解決的方法，甚至可能已自行發展出新穎的解決方法。如修正液、運動胸罩和開特力運動飲料等產品的出現，都要感謝先驅使用者，他們超越了廣大的市場，率先開始小眾的趨勢。企業可以向這些先驅使用者學習。例如，冰箱製造商可向研究超導體的科學家學習，因爲這些科學研究需要先進的冷卻技術來達到超低溫⑧。科學家對冷卻技術的需求，也許指出了創新的機會，可藉此發展出供應一般消費者或工業用户的高階產品（例如魚貨批發業者使用的急速冷凍庫）。

• **尋求立即的回饋**　顧客有時可以藉著參加網路社群，參與產品發展的過程。原型化軟體可讓未來的顧客創造或修改產品設計，使企業可立即篩選設計概念。網友的回響也可爲潛在的問題提出早期的警訊。國營農莊保險公司（State Farm）最近針對提供安全駕駛折扣相關議題，詢問其網路新社群的看法，但享受折扣的前提是，這些駕駛必須自願在車上加裝黑盒子，以監控其駕駛行爲。被詢問意見的社群成員不喜歡這個想法，因爲他們認爲這侵犯了隱私權⑨。這一小規模的測試與迅速的回應，使該公司避免了花費大筆開銷進行廣泛的測試。

• **巡獵先驅** 先驅分析是要找尋一國境內或全球中的一塊區域，其流行、時尚或科技創新領先其他地區。在美國，加州通常被認爲是社會趨勢的領導者；玩具、手機、遊戲卡帶與汽車的製造商，現在則以日本市場馬首是瞻，在日本觀察以後將出現於歐美的趨勢；觀察南韓則可得知，未來寬頻與無線科技在美國與世界其他地方可能的使用情形（見短文「增加你的頻寬」）⑩。如康威士（Converse）等企業雇用了「獵酷人」（cool hunters）和趨勢追蹤者，作爲能早期預警的雷達，預測興起的趨勢和市場模式⑪。「獵酷人」拿著相機和筆記本遊走街頭，尋找新興趨勢，他們已辨識出的趨勢包括了懷舊風的興起，也因此將康威士一星運動鞋帶回市場，以及貴賓級文化的盛行，指的也就是藉由限量發行的商品、俱樂部中的貴賓室、白金信用卡等，創造出一種獨享尊榮的感受。

• **有效率地開採可得的資料** 零售商、銀行以及其他組織蒐集大量有關其顧客的資料，並使用資料開採（data-mining）技術進行資料庫分析，從中萃取出消費模式和趨勢。由於預測性分析有了新的發展，愈來愈有可能預料到未來的趨勢。如此運用資料，將能有效區隔市場。例如一家汽車保險業者就學到，雖然整體來說，跑車駕駛人發生的車禍較多，但車主若除了跑車之外還擁有別輛車子，其發生事故的機率並不會比一般駕駛人更高⑫。資料開採技術另一項可貴的功用，是能辨識出本身企業參與有限但卻成

增加你的頻寬

寬頻與無線技術未來展望如何？南韓的經驗可能可以爲此提供答案。南韓有百分之七十五的家庭擁有寬頻，而擁有手機者也佔總人口百分之七十五，因此南韓是一個先驅者，該國在這方面的發展可爲其他市場指點迷津。在南韓，手機已成爲「生活的遙控器」，使用者以手機連線其銀行帳戶、查看體育新聞、玩手機電玩、聆聽從網路下載的音樂。此外，可以讀取射頻識別標籤（radio-frequency ID tags）的新式手機，可以告知在超級市場購物的消費者，生鮮產品的有效期限。南韓的智慧住宅中，有著附平面螢幕、以網路操控的冰箱，以及看顧放學回家孩童的攝影機。電視錄影服務（TiVo-like）的功能也無所不在，人們可輕易且快速地下載音樂與影片。智慧住宅還配備了以網路連線操控的電器，包括空調、微波爐、洗衣機和吸塵機器人，全都可以遠距遙控。另外，設計進行中的產品和功能，包括了經由衛星連結的寬頻網絡，可直接將電影和電視節目傳輸到行進中的汽車，以及可進行尿液檢驗的智慧馬桶，每天將診斷資訊自動傳輸給家庭醫生＊。就如eBay總裁梅格・懷特曼（Meg Whitman）的評論，南韓爲高速寬頻提供了「開向可能性的窗口」＊＊。觀察這樣的先驅者——並且了解其成長的動力——便可以增加你自己的頻寬，了解科技和市場的變化中，具有什麼潛在的意義。

* Peter Lewis, "Broadband Wonderland," *Fortune* (September 20, 2004), 191-198; "Korea's Broadband Revolution," *Chief Executive*, April 2004, www.chiefexecutive.net/depts/technology/197a.htm.

** "Man's Best Friend," *The Economist: Special Section—A Survey of Consumer Power* (April 2, 2005), 8.

長快速的市場區塊。

- **傾聽通路的聲音**　不論是最終消費者出現了變化，或是名不見經傳的競爭者推出了新產品或新方案，零售商、批發商和其他中間商總是最先聽到消息的人。當然，從他們的角度來看，分享所知並不一定對他們有利，但從他人的角度來說，與他們對話總是獲益良多。對大型的供應商和零售商來說，電子化連線有助於掌握銷售和趨勢。當經濟價值與經濟權力正向下移轉到這些通路時，從通路商的角度看待市場並預期他們的行動，就變得格外重要了。他們計畫朝什麼方向成長？他們將支持多少家供應商？他們將多快開始採用射頻識別標籤追蹤產品？

研究競爭場域

對大部分的企業來說，競爭者就位在他們的視野中心⑬，在進行策略性計畫時，討論的主題也就是競爭對手。企業甚至會聘請專家觀察對手，而經理人在競賽的情境中，也會扮演競爭者的角色，藉此預期並戒備對手可能的行動與反應。執著地將注意力放在少數對手身上，是資本密集產業生存的關鍵，因爲在這些產業中，競爭已成了零和遊戲。應鼓勵企業與員工留心對手的相關訊息，包括他們的專利權申請、遊說活動、市場測試、聘雇行爲的改變以及其他行動等等。要了解競爭者的意圖，還有哪些方法？不過，如果眼前立即的威脅總是受到優先關注，將分散了管理者對埋伏在周邊地帶的競爭者的注意。

將注意力像雷射光束一般集中在直接競爭者的身上，不謹造成短視，無形中也鼓勵企業以模仿對手爲策略，這便產生了明顯的聚合現象，也就是企業與競爭者都選擇提供相同的價格和產品種類⑭。當人人看起來都一樣，並採取類似的手法競爭時，沒有人競爭的場域便空了出來，吸引具有不同商業模式的新競爭者乘虛而入。因此，企業更廣泛的一項挑戰，是要能識別出未來可能成爲對手的競爭者。以下提出一部分方法，可矯正短視，避免注意力過度集中於直接對手：

•擴大視野的角度　奇異公司以往有個信條，每一項業務必須做到同業間數一數二的地位才行，這種作法雖然能有效地分辨出優勢和劣勢，但結果卻產生目光如豆的視野。這導致經理人採取狹隘的市場定義，以便計算出相對較高的市佔率。在狹隘定義的限制下，企業無法辨識出具有潛力的機會，同時，將焦點放在取得市場的主導地位，容易打消企業發揮創意、進入新市場的念頭。因此，奇異要求各業務主管顛覆以往的架構——以新的方式定義市場，使得其市佔率僅達百分之十。這樣的改變就意味著，奇異得將百分之九十的注意力，放在既有業務以外的範圍——也就是說，必須關注其他的競爭者、地區、通路，以及周邊地帶的市場機會。

•小心低階產品　供應低階產品的競爭者常受人忽視，或被認爲微不足道，但不妨回想一九九〇年代杜邦（DuPont）的經驗。九〇年代初期，杜邦的經理人發覺各項業務成長開始減緩，成長趨緩的項目包括老而彌堅的達克龍聚酯纖維，到比較新的業務如尼龍樹脂。隨著銷售下滑與競爭加劇，市場中有一大部分的消費者，不願以高價購買品質較佳的杜邦產品。杜邦各部門都自行決定，要將業務專注於市場中獲利較高的高階產品，將低價市場拱手讓給從周邊地帶來的新進對手。而這些低階產品的供應商便以大量生產，將成本壓縮到新低的程度。

杜邦內部普遍患了短視的毛病，無法看到低階競爭者的重要性，以及退出低階市場將降低本身產能利用率，進而增加了產品的單位成本，讓公司更加陷入低價的競爭中。爲了要從過去的經驗中學到教訓，並且爲未來做更好的準備，迎戰來自低階產品的攻擊，杜邦的一群經理人聚在一起，評估這個新的威脅，以及公司至今成功與失敗的應對策略。隨著他們逐漸了解了這個威脅，並找出爲什麼有這麼多業務單位都忽視這個威脅的原因之後，他們便發展出及早預期低階競爭的程序，以及先發制人的策略。這一群主管成了組織內部學習網絡的核心，並持續致力於辨認和消除企業發生盲點的根本原因。

根據管理大師蓋瑞．哈默爾（Gary Hamel）與普哈拉（C. K. Prahalad）的觀察，企業多半對資源微薄的競爭者不屑一顧。他們兩位寫道：「……如果可以從競爭運勢不斷轉變的現象中得出一個結論，那就是企業創業時資源的多寡，並不是預測其未來產業領導地位的良好指標。」⑮

- **化身爲競爭者** 要讓組織對可能出現於雷達範圍之外的新對手更爲敏感，可以指派來自不同部門的人員組成一個團隊，化身爲理想上能成功征服市場的競爭者。這個團隊必須根據自己對公司弱點與市場可能的變化的了解，爲化身競爭者擘畫出完整的企業策略。本章一開始所提到的醫療器材公司，實際上就採取了這個作法，指定一個團隊負責探討，藥物療法可能會以何種方式打擊到該公司目前的業務。企業本身可不可以採用化身競爭者的部分策略呢？可不可以改變市場的狀況，以降低競爭者成功的機會呢？

• 從互補者身上找線索　互補者也可以針對競爭對手可能的意圖和早期的行動提供看法。所謂互補者，其產品和服務能增加市場對你的產品和勞務的需求。例如，高解析度的電視機需要有相容的電視節目之後，銷售量才能起飛，反過來說也是一樣的道理。互補者可能握有有關周邊地帶的線索，並且能揭示競爭者的意圖。新力公司就經由觀察互補者，發現了其獨霸全球遊戲機市場的PlayStation 2，正面臨著微軟Xbox的挑戰。微軟提供遊戲軟體發展者一個程式設計的單一平台，相容於遊戲機與個人電腦的視窗系統，遊戲發展者可同時爲兩者設計遊戲軟體。如此一來，遊戲軟體不僅可在遊戲機上、也可在電腦上執行，使得原本較受遊戲發展者歡迎的新力平台的優勢受到打擊。藉由觀察與遊戲機業者互補的軟體發展商，新力公司體認到了微軟的策略對其所造成的威脅⑯。

觀察科技的走向

企業關注的焦點當然是自己的核心科技，但是哪些新興的科技將可能改變市場的遊戲規則？舉例來說，雖然農業與科技革新之間的關聯看似遙遠，但農民與農業機械製造商必須留意拖曳機（例如拖曳機上加裝先進的全球衛星定位系統〔GPS〕）、生物技術（經過基因工程改造的種子）、穀物和其他農產品拍賣網站等等的改進與發展。特別是許多經營小農場的農民，固守於農村的本業，對其他領域的改變毫無所悉。

企業組織如何注意到未來的各種可能性，而同時又能兼顧固有領域的經營呢？以下提出部分方法供作參考：

- **在實驗室中尋找**　許多科技上的突破，在「一夕成功」之前的二、三十年，就可以觀察得到。電腦滑鼠在一九六八年就首度被公開展示，當時一同發表的還有多媒體與視窗技術，但直到一九八九年，納入這些功能的蘋果（Apple）麥金塔電腦，才正式面世[17]。早在一八四三年，蘇格蘭技師亞歷山大・貝恩（Alexander Bain）就取得了有線電子傳真技術的專利，但這項技術經過多次改良，直到一九八〇年代才被商業化。未來的某些創新，也許現在就在你公司的實驗室中。
- **更廣泛地掃瞄**　尋找具有潛力的科技，得花很高的成本。參加研討會或花一天閱讀《連線》(*Wired*)雜誌、《科技評論》(*Technology Review*)或《科學人》雜誌(*Scientific American*)，可能是了解科技發展成本較低的辦法。學術性與技術性的刊物提供了更深入的資訊，但讀者必須具備專業知識並且花時間研讀。除了科技文獻之外，其他還有許多可以掃瞄的地方，好找出新興科技所帶來的機會和威脅，方法包括：

一、由企業內部各單位交叉掃瞄彼此的部門，激發彼此的發現

二、利用科技核可的機構所建立的公開資料庫進行查詢

三、聘請資訊仲介公司（如 Innocentive 與 Nine-Sigma）聯繫適合的獨立研究人員，爲有問題的企業提供解決方案

四、諮詢善於辨認新興機會的創投公司（許多企業因此設立了自己的創投基金）

五、藉由參與科學性或貿易相關的會議，建立非正式的人脈，這一類的人際網絡能就互爲獨立的研究的彙整，提出獨到的看法⑱。

• 注意科技的彙整

要看出周邊地帶一項科技未來的發展軌跡非常困難，因爲科技上的應用，通常是結合多種科技之後的成果。譬如，當電腦科技和網路入口技術，這兩項平行發展的研究產生交集之後，才形成了網際網路這一股力量。手機是在數位化科技發展之後才起飛的。網路傳輸類比音訊協定（VoIP）的系統，是在寬頻網路滲透率提高之後才出現的⑲。電腦印製技術可與奈米技術和微電子機械系統（MEMS）結合——實現次微米層級的製造技術，開發新的潛力。可能的結果之一，是衍生出桌面製造（desktop manufacturing）的應用，就地生產塑膠或金屬零件，依據電腦的指令，一層一層將所需的零件形塑鑄造出來。沿著這個發展走下去，有人看出了另一種可能性，未

來可在家用車庫中裝設先進的「印製機」(printer)。經奈米技術的操控和電腦下達指令，「印製機」便能將碳元素轉化，製造出幾乎任何東西。要對科技發展的軌跡有更深入的洞見，就必須找出科技彙整的潛力。

● **徹底考量科技的影響** 經理人一旦找出具有潛力的科技，就必須考慮這些科技的深遠影響。例如，正在觀察基因體研究發展的保險公司可能會思考：定序出個人基因圖譜的科技，將對原本奠基於精算的保險業務造成什麼改變？《科技評論》刊出的一篇有關歐伯瑞·戴葛瑞（Aubrey de Grey）對延長生命的研究——生命有可能延長到永遠——就讓人壽保險公司面臨了更複雜的挑戰和機會[20]。雖然看法如此極端的理論，實現的可能性似乎遙不可及，但人類壽命因科技突破而產生重大改變的可能性，也因此提高了。例如，保險公司已開始提供長壽保險，保障人們免於資產不足以負擔長壽生活的窘況。這樣的保單保證被保險人一輩子都能有一定的收入水準，這樣的安排就好像「反向抵押貸款」(reverse mortgage)的金融服務一樣。壽命的延長將徹底改變保險商品的概念。人壽保險公司該如何爲可能長生不死的顧客撰寫保單條款呢？

像是未來研究所（Institute for the Future）這樣的機構，能幫助我們了解，科技發展的軌跡將造成哪些廣泛的影響。這個機構針對不同領域的專家進行問卷調查，藉此找出他們認爲未來環境中可能發生的改變，再歸納這些有關科技演進與人口變動的不同看法，編織成一幅協調一致的科技圖譜。這個分析的過程，是從辨識有潛力的科技出發，再進一步了解該項科技深遠的影響。個別企業可以深入研究，這些宏觀性的看法對自己本身的市場和企業，具有什麼特別的意義。

向影響者與塑造者學習

所謂影響者與塑造者，是指某些人物、團體和組織，其影響力遠遠超越本身的規模大小。商會、分析家、媒體評論人、學術專家、智庫、顧問等等，能辨識並塑造趨勢。這些團體的看法和議程，可以聯合起來探索周邊地帶的潛力。以下是較爲人知的影響者和塑造者：

- **媒體** 想想看，如果在《消費者》（*Consumer Reports*）雜誌上得到劣等的評比，或者被《華爾街日報》（*Wall Street Journal*）或《金融時報》（*Financial Times*）刊出一則有關公司營運的負面消息，將對企業造成什麼樣的傷害。媒體可以塑造消費者、投資人以及其他有關人士的態度，深深影響一家公司、一個產業或一個經濟體。正如之前提到的，企業一定要加強監看部落格、網路個人廣播（podcasts）以及其他形式的個人新聞媒體。
- **學者專家** 對特定的產業來說，市場專家能傳遞中肯的資訊，因此成爲引爆趨勢的消息中心㉑。例如，少數研究人員和臨床醫療人員，可能會爲醫療產品消息的流通把關。而在金融服務業中，受人推崇的分析師能左右投資決策。問問自己，這些意見領袖在說些什麼？所說的內容對你企業的未來有什麼影響？

- **流行文化的偶像**　在體育、媒體和娛樂界，少數人的意見可以影響許多人的想法。從巴布・狄倫（Bob Dylan）到瑪丹娜，再到U2主唱波諾（Bono），這些偶像通常會越過本身的領域，提出有關政治和社會的主張。找出哪些偶像可能影響你的產業和市場。許多好萊塢明星協助推動了各種環境保護和社會救助的工作，他們可能是以直接的行動，或是間接以他們參與演出或製作的電影造成影響（從《威鯨闖天關》〔*Free Willy*〕到《辛德勒的名單》〔*Schindler's List*〕）。
- **貿易與稅務政策的協商者**　雖然這些人員通常都在幕後，但他們能在新的貿易協定談判中代表產業利益，進而改變產業的遠景——也許往好的方向改變、也許往壞的方向改變。例如，以中國進入世界貿易組織（WTO）爲主軸的協商，以及建立北美自由貿易協定（NAFTA）的協商，對許多產業都造成了重大的影響。哪些稅務與政策的改變，將影響你的企業環境？
- **遊說人士**　所有的商會和多數大型企業都會運用遊說人士，對法規的領域進行掃瞄，並就重要的事件提出警告。那些擁有自主權與權力基礎的遊說人士，對新政策的產生有著重大的影響。例如，針對健保藥品給付新規定的協商，對美國的製藥公司有著重大的影響，而遊說人士在這些福利措施的規畫上，扮演著積極的角色。

- **法律與政治領袖**　紐約檢察總長史畢哲（Eliot Spitzer）起訴企業的案子，震撼了金融服務業。高階檢察官以及新的法規——像是薩班斯—奧克斯利法案的立法——對企業與產業深具影響。藉由觀察採取這類行動的領袖人物，你便可能發現即將來臨的改變。有哪些正在進行討論或爭取修訂的法規變動，將可能影響你的產業？

我們應該將影響者視爲統合資訊、放大資訊的人。他們的聲音受到尊崇，他們的意見常被徵詢，他們並不怯於運用他們的權威。他們以各種不同的形式現身，他們運用影響力的方法也視情況而定。但無論如何，他們是不容忽視的。

掃瞄的指導原則

周邊地帶中有許多部分可能很重要，值得掃瞄。一旦你指出重要的區域，便可選擇進行調查的方法。領導者必須管理掃瞄的過程，確保掃瞄的焦點是在重要的區域上，並且提出引導性的問題，整合所需的資源積極進行掃瞄。領導者一方面希望對周邊地帶進行仔細的掃瞄，一方面要考量進行掃瞄時所需花費的資源，兩者之間必須取得平衡。以下爲掃瞄的過程提供幾項一般性的指導原則：

- **積極管理掃瞄的過程**　積極掃瞄始於引導性問題（前一章所提到的），企業組織可藉著這些問題，找出周邊地帶必須特別仔細審視的區域。這有助於將注意力與資源集中在周邊地帶最重要的區域上。
- **使用多元的方法**　積極掃瞄的關鍵，在於避免過度依賴人人採用的方法和資訊來源。要取得新鮮的看法，我們必須超越他人的所見所聞。本章所討論的每一種方法，都只能提供片面的、不完全的看法，因此使用多元方法便非常重要。正如我們在下一章中可以看到的，對一項議題抱持多元的觀點，對能否形成正確的解讀也相當重要。
- **權衡投資**　判斷出掃瞄成果可能非常豐碩的區域之後，下一個步驟是有創意地思考出可能的資訊來源和掃瞄方法，整理出一份完整的名單，供掃瞄過程之用。之後，就回答引導性問題來說，衡量每一項來源和方法所能發揮的價值，並列出評比排名。而資訊來源和掃瞄方法的價值，是以可能得出的看法的深度，以及蒐集資訊時必須付出的成本，兩者相較所得的比率計算出來的。
- **下定決心進行掃瞄**　當選擇好各種積極掃瞄的方法後，組織上下必須要有決心貫徹掃瞄的任務。主軸問題將是：㈠我們該為持續進行的資訊蒐集，提撥多少預算？㈡誰將蒐集、查證、整理資訊，供應解讀之所需？㈢誰將審閱解讀的結果，並就此採取行動？

- **將掃瞄當作是一種反覆進行的過程**　掃瞄和界定範圍，兩者關係密切。掃瞄的結果將決定未來掃瞄的範圍是該擴大還是縮小。經理人可能發現感興趣的事情，之後或者擴大掃瞄的範圍，或者決定更仔細地掃瞄另一個區域。每一次掃瞄都爲下一回掃瞄提供了新的見解。

任何在周邊地帶偵測到的微弱訊號，其意義將視企業所採取的立場和策略而定。例如，將印有晶片的布料製成能穿戴在身上的電腦，這對以流行爲依歸的手機製造商，以及對製造處方藥的藥廠來說，具有不同的意義。但這兩類公司都應該以宏觀的角度，找出可能作爲掃瞄範圍的區域，之後再專注於周邊地帶中最重要的區域。

這便指出了良好周邊視力所要面對的下一個挑戰。範圍一旦決定，並且從周邊地帶中重要的區域辨認出訊息之後，經理人便必須判斷這些訊息所代表的意義。實驗室中創造出可當衣物穿戴的行動電話，可不可能被廣泛採用？織入衣料中的醫療裝置，可不可能對製藥公司造成打擊？或者，這項創新是否將被人遺忘？掃瞄得出的各類訊息，也許能夠同時符合許多不同的解讀，形成多幅協調的畫面。在下一章中，我們將檢視解讀周邊模糊訊息的各種策略。

4

解讀

資料有什麼含義？

有一則美國原住民的古老故事，
是關於一隻遭獵人鍥而不捨地追捕的土狼。
這名獵人似乎總緊跟在牠身側後一步，
但實際上，只不過是卡在土狼頭上的一根羽毛，
這也就是爲什麼不論牠跑得多快，
總是無法擺脫這名「獵人」的原因。
當所見所聞牽涉到周邊地帶時，我們往往錯下結論。
有時候，我們無法了解一項威脅或機會，
而當我們發覺時，卻爲時已晚。
這兩種錯誤都與個人的或組織的理解過程中，
先天上的弱點有關。

「當人們被事實絆倒時，通常馬上起身，趕忙繼續原本正在做的事。」

——溫斯頓・邱吉爾（Winston Churchill）

上個世紀初，英國的探險家在馬來西亞半島上，從一處與世隔絕的深山中帶出了一名酋長，到新加坡的海港參觀。他們的目的是要看看，這位還活在石器時代的酋長，在「一日遊」時看到港都的船舶、高樓、市集和繁忙的交通後，會有什麼發現。當天行程結束後，那位酋長只回想起一件事——他看到有個人靠著一台手推車，以一己之力搬運了許多香蕉①。這個奇觀與部落居民所經驗的世界有所連結，因此才能受到注意並銘記在心。那天新加坡的其他景象，對這位酋長都不具意義。他顯然也看到了新式建築、船隻、馬車、交通，以及穿著奇怪的人川流不息地從他身旁經過，但他缺少了參考架構，無法理解這些新奇的景象。當時這些事物可能就落在他視野的中心，但這些事物對他所熟悉的世界來說，卻是位於視野的**邊陲**。他並沒有準備要接收這些訊息，因此這些景象雖然映入了他的眼簾，但卻失落在腦海中上百萬個神經（synapses）中。我們可能自認爲，我們的理解過程比那位酋長更複雜，但同樣身爲人類，我們與他都面對了一個兩難：我們只能看到我們準備好要看到的事物。不論我們所界定的視野範圍有多完整、掃瞄方法有多先進，我們仍然必須對所看見的事物加以詮釋。

當事物是落在周邊視野時，我們對它的理解過程將更複雜。依定義來說，周邊視野中的影像是模糊、不精確的，就好像是透過魚眼鏡頭看到的扭曲畫面，此外，噪訊比值（noise-to-signal ratio）很高。就人類的視力來說，視野周邊地帶的景象不細膩，也缺乏色彩。以我們的心智，很容易對以「眼角餘光」看到的事物妄下結論。有一則美國原住民的古老故事，是關於一隻遭獵人鍥而不捨地追捕的土狼。這名獵人似乎總緊跟在牠身側後一步，但實際上，只不過是卡在土狼頭上的一根羽毛，這也就是爲什麼不論牠跑得多快，總是無法擺脫這名「獵人」的原因。當所見所聞牽涉到周邊地帶時，我們往往錯下結論。有時候，我們無法了解一項威脅或機會，而當我們發覺時，卻爲時已晚。這兩種錯誤都與個人的或組織的理解過程中，先天上的弱點有關（見短文「填補我們視野中的洞」）。

在九一一恐怖攻擊之前五個月中，美國聯邦航空局（FAA）共接獲了一百零五則情報，其中提到歐薩姆‧賓拉登（Osama bin Laden）或蓋達組織（Al Qaeda）的就多達五十二次②。這些來自中情局（CIA）、聯邦調查局和美國國務院的報告，源源不絕地湧入政府官僚體系的知覺意識中，但卻沒有被加以必要的分析，以至於無法讓人理解。聯邦航空局得到的這些報告，來自於各自獨立的單位和機構，但這些單位大都並不互相溝通。蒐集資訊時所進行的掃瞄是有效率的，缺少的是「將點連成線」並拼湊出整幅拼圖這最重要的一步。訊息完整的意涵並未獲得充分的了解，最後恍然大悟時，卻已太遲了（見短文「有人早已預測到了」）。

塡補我們視野中的洞

人類眼睛中，視神經與視網膜連結的地方，有一小塊視野上的漏洞。但我們幾乎注意不到覺知上的這一塊缺口，因爲我們腦中有類似影像處理軟體 Photoshop 的功能，能將這個洞彌補得天衣無縫。擁有一雙眼睛有助於塡補這塊空白的區域，但就算只以一隻眼睛來看，我們也看不到這個洞。同樣的，我們會無意識甚至是自動地，塡補心眼上的縫隙；就算經理人可能體認到他們的組織中存有盲點，但他們可能還是不知道到底是哪裡有了缺口。

畫面乍現

界定範圍與掃瞄（前幾章討論過）的步驟，所關心的是要找出一片片的拼圖碎片，但是，要如何將這些拼圖片組合在一起，才是最重要的課題。不過，我們以拼圖爲類比，反而過於簡化這個過程。大部分發生的狀況，是同一套拼圖片其實能拼湊出好幾種不同的畫面，一旦我們形成了一種觀點，要改變想法就變得非常困難。有時候，改變畫面的一小部分就改變了

有人早已預測到了

在許多組織中，可能存在了重要的見解，但多半被一般人所忽略。九一一恐怖攻擊發生之前，重要的線索不僅沒有立即串聯，而且雖然早有廣泛的警覺，恐怕免不了將發生影響極大的恐怖攻擊，但對此卻未採取因應的行動。發生這一類型攻擊事件的可能性，很早便被看出來。例如，美國軍備控制與裁軍署（U.S. Arms Control and Disarmament Agency）的主任科學家羅伯・谷波曼（Robert Kupperman）於一九七七年一月即寫道：「只需一個經過訓練的小型游擊隊，就可將紐約市——或其他大都會地區——長期封鎖一段時間……只要將明顯的目標審視一番，就知道恐怖分子其實並不需要使用核子炸彈或生化武器，就能造成慘重的災害……西方國家，甚至包括美國，除了傳統的軍事行動外，對其他的戰爭形式都沒有做好應付的準備。」*另一項早期的報告更是明確地想像出，恐怖分子將飛機開進高樓群中的情節。

* Robert Kupperman, *Facing Tomorrow's Terrorist Incident Today*, Washington, DC: Law Enforcement Assistance Administration (October 1977).

圖四・一：你看到什麼？

整體的樣貌。

例如，圖四・一這幅模稜兩可的畫面，可以因爲加上幾筆或去掉某些部分，就變成如圖四・二所示、完全不同的畫面。人類的理解通常並不是漸進的過程，像一幅模糊的畫面慢慢成形那般，而是一個不連續的過程，增加一小塊訊息，能突然使得整個畫面成爲不同的形態。這也就是爲什麼額外的資訊來源和不同的觀點，對形塑整體畫面來說如此重要的原因。這些額外的看法，可能只增加了一點點元素，便改變了畫面，或是使得原本斬釘截鐵、認定圖像是隻老鼠的企業組織，也從圖像中看出了人的模樣。

一旦對畫面的認知被鎖定了，就非常難再看出其他的可能。最極端的一個例

圖四・二：是人還是鼠？

子，是研究崇拜團體（cult）的學者所謂的瞬間定格（snapping）的現象。他們發現，當一個改變宗教信仰的人接受了完全不同的世界觀後，將透過這個沒有彈性的新鏡頭，來觀察、解讀所有的事③。較不那麼極端的例子是，我們通常會接受某一特定的世界觀，卻因此限制了我們看到其他觀點的能力。雖然幾乎沒有組織具備這種力量，能使員工的生活充斥 種信仰，但大部分的組織內部，的確存在了組織性的壓力，迫使員工採取一定的心態。如果每個人都同意，這幅畫面是一個人的臉，那就必須要具備了相當大勇氣的人，才會大聲表示這幅畫面也可以看成是一隻老鼠。個人與組織存有許多偏見，將阻礙我們精確地了解來自周邊地帶的訊號，以下將就此進行討論。

三角交叉檢視的重要性

就像人類的視覺，具備一雙眼睛便可利用三角交叉檢視法（triangulation）和視差（parallax），看出景深的不同，同樣的，組織若採取多元的觀點，以周邊視力就能看出更大的景深（見短文「視差的力量」）。當通用汽車（General Motors）發展鈜星感應通訊系統（OnStar）時，仰賴的便是本身在科技和行銷上的專業能力，以辨識出新興市場的機會。眾所皆知，通用在發展鈜星系統上的成功是一個有關創新的故事，但這個潛力市場是如何被辨識出來加以開發，這個過程卻很少受到讚賞。通用在一九九七年針對旗下凱迪拉克（Cadillac）的產品線，

視差的力量

視差是三角交叉檢視的一個特別例子，當觀察者的位置改變時，目視的一個物品相對於遠方背景的關係也有明顯的改變。我們的兩眼相距比兩吋多一點，因此我們的視力可運用類似於立體鏡的視差看出景深。只要有兩個觀察點和所觀察的物體——在加上背景——所形成的三角，我們便能估計出距離的長短（不論是以我們的視覺做非正常的計算，或是天文和航海上較正式精密的計算）。不妨做個實驗，對照著遠方的背景，兩眼交替閉上來看一件物品，看出這個物體好像水平位移了嗎？同樣的，在觀察周邊地帶時，以多元的觀點觀察（這時就不受限於只有兩眼了），可增加景深和細節，有助於我們領略所觀察到的事物。

以**車用資訊通訊技術**（telematics）爲基礎——統合無線通訊、車輛監控系統與定位裝置的技術——推出了鈹星系統的服務。這項新的嘗試是屬於汽車市場中，你所能想像得到最偏遠的邊陲地帶。首先，鈹星系統與汽車設計和生產完全不相關。其次，車用資訊通訊技術與汽車業傳統上所注重的價格、可靠性、舒適性的競爭，相關性很低。最後，這個市場的規模非常小。在推行早期，鈹星系統的總裁切特・胡伯（Chet Huber）設下了目標，每天要增加五十名新顧客，而該集團以往計算買主人數時，卻都是以百萬爲單位。

通用是如何發現這個邊陲性的商機，並成功地採取了因應的行動呢？通用併購了休斯電子公司（Hughes）（後來又併購了電子資料系統公司〔EDS〕），因此獲得了車用資訊通訊技術的早期發展窗口。但最大的未知並非科技本身，而是市場採納的狀況。一九九五年，通用委託進行一份研究，調查什麼是左右消費者購車決策的主要因素。這份研究點出了二十六項因素，並就消費者的重要性和目前的滿意度做了排序④。通用發現，消費者就「行動力」這項因素評比，對通用產品的滿意度非常高，但也發現在四項因素上，通用未能滿足消費者的需求：㈠駕駛人個人的注意力，㈡有限的時間和體力，㈢隱私，以及㈣安全性⑤。通用經理人一方面獲悉了消費者對個人注意力和安全的需求，另一方面掌握了車用資訊通訊這項新興科技，因此看到了將兩方面交叉後，出現在交叉點上的機會。到了二〇〇四年，鈹星在這個市場上掌握了百分之七十的佔有率，擁有兩百五十萬訂戶，估計創造了約十億美元的營收。

其他的公司靈敏度不如通用來得高，沒能及早體認到車用資訊通訊的需求，也沒有加以因應。直到二〇〇二年，福特汽車（Ford Motor）才與高通通訊公司（Qualcomm）達成合作協議，參與飛翼廣播（Wingcast）的計畫，投入了一億美元的資金。鈥星的成功有很多原因，最關鍵的是，通用以市場的見解和科技的趨勢爲兩點，進行了三角交叉檢視，體認到交叉點上出現的大好機會。

從不同的立場觀察同一個現象，就能利用三角交叉檢視法，找出該物件在三度空間中的定位。組織不像人類，不單只有兩眼可用來理解所見。將寓言故事瞎人摸象中的所有「盲人」集合起來，可以拼出一個比較完整的「大象」形象。單一的看法可能有偏見，但加總起來的看法，可以讓組織了解到底發生了什麼事並且找出機會（見短文「空中找大餅」）。看出整體畫面的能力，在周邊地帶顯得特別重要，因爲周邊地帶中的拼圖碎片可能是模糊的，或是完全消失不見了。我們針對營運最佳的模範企業——如嬌生（Johnson & Johnson）、寶鹼和ＩＢＭ——的研究發現，這些企業在爲一引導性的問題尋找答案時，會特意採用多元的觀點，以便進行三角交叉檢視。如此一來，便能在背景雜訊中，區別出微弱但一再出現的有用訊息。對一件事要抱持多元的觀點，與我們之所以要有兩個眼睛的道理是一樣的：多元的觀點使我們得以進行三角交叉檢視，也因此能決定所看到的景深⑥。正如達文西（Leonardo da Vinci）的觀察，我們要眞正理解一個議題，必須從至少三個不同的觀點來觀察⑦。

空中找大餅

一名創業者試著要推銷一種新的私人車道塗漆的生意，一開始花了八百美元，依照一份一般性的收件人名單寄出廣告，得到的效果平平。這位原本是電腦技師的創業者，改以更廣的角度思考出另一個辦法，利用 Google 在網路上提供的衛星地圖的新功能，找出柏油車道密集的住宅區。之後他便以這些區域作爲行銷對象，結果提高了銷售成功的比例，並且降低了行銷成本。將視野超越本身的事業領域以及傳統的行銷手法，他在邊陲發現了一項可用來克服目前事業挑戰的技術＊。

＊ Kevin Post, "Satellite Photos Find the Market for Jet-Black," *The Press of Atlantic City*, July 3, 2005.

使用多元的方法

沒有任何一項單一的方法，能讓我們看到整體的全貌，因爲所有的方法都有缺點，或是在某些重要的層面上受限。例如，經理人爲了了解一項新興科技，可能會以相似科技的市場來做類比。但這樣的類比是扭曲的，因爲這兩項科技所處的情況，可能在某些重要但未知的層面上是無法比較的。使用德慧法（Delphi methods），將未來產品需求的各種預測組合起來，以這個方法做出的調查報告，可能只是將一堆無知集合起來罷了。雖然任何一個方法都有偏限，但各種方法的組合——每種方法都存在不同的偏見——理應獲得多一點的信賴⑧。

舉例來說，與其只是調查潛在的顧客，企業有時可以採取不同的、更好的方法，理解新科技的需求。一九七〇年代早期，全錄（Xerox）公司藉由分析緊急字條的使用程度和頻率，估計出傳眞機的潛在需求，之後再對照於郵件、電話、電報等既有的解決方案，比較傳眞機的功能。該公司於一九七〇年代初期使用這個分析方法，估計傳眞機的商用市場大約有一百萬台的需求，後來證明這個數字低估了市場需求，不過卻比其他方法預估出來的數字要高（然而全錄當時投資了錯誤的科技來滿足市場，選擇發展電腦對電腦的傳輸，而非發展專門的器材，因此未能充分利用原本高明的見解）。

利用情境規畫看到人臉也看到老鼠

面對挑戰時，除了找出各式的觀點和方法外，情境規畫也提供了另一種方式檢視議題，從多元的角度來解讀周邊地帶的訊息。例如，一家大報紙運用情境規畫，以多種不同的觀點檢視一項科技上的創新，如此一來，當該報要檢視某項特定的新訊息時，就可以透過各個情境所提供的「鏡頭」來觀察。例如，報業在一九九九年聽說全錄引進了新的服務，將客製化的報紙以電子傳輸到旅館和其他地點，讓用戶可以自行印出量身打造的內容。例如身在國外的旅客，可以收到家鄉本地的新聞，或是閱讀以自己國家語言印出的報紙。

這個訊息有多重要呢？這是不是表示旅館顧客以後再也不會聽到房門外報紙送到的聲音？或是這項服務會不會不了了之？答案要看情況而定。在「業務照常」的情境中，這項新服務代表了一個利基市場（旅客的市場），並且是除了實體送報之外，另一種受人歡迎的分銷管道。這可能會為報業創造新的機會，能超越原本的地區銷售，並能提升顧客的忠誠度。在另一種稱之為「虛擬媒體」的情境中，電子通路將迅速被人採用，進軍旅館就地印報的這項創舉，可能成為在家印製特製報紙的開路先鋒。這樣的發展將可能打擊到今日報業所仰賴的資產基礎（印刷設備和實體分銷網絡），此外，細緻的市場區隔也將侵蝕傳統的廣告業務。在這樣一個世界中，報紙印刷機、運報貨車，或者大眾廣告訊息將不再需要，也不再具有價值。

經理人透過多重鏡片檢視這一項微弱的訊息，便能更有效地探索訊息的潛在意義。如果他們只假設這個世界的「業務照常」，可能會低估了這個訊息的價值；從另一方面來說，如果他們假設這個世界將會成為「虛擬媒體」的世界，則可能反應過度。儘管以假設情境為基礎的這種分析，並不能消除科技發展或消費者接受度的不確定性，但每增加一小片拼圖，經理人了解到的也就更多。他們現在可以看出更多可能性，而不是只能看出自己熟悉的事物。

看到顧客也看到競爭者

企業也可能太過狹隘地只專注於顧客，或只關注競爭者，而沒有同時看到兩者。當費佛(Eckhard Pfeiffer) 於一九九一年上任成爲康柏電腦 (Compaq Computers) 的執行長時，他就看出該公司太關注與IBM的競爭，因此忽略消費者的需求正逐漸改變。太過偏執地專注在IBM身上，代表著康柏不願意生產次級價位的產品，接觸更廣大的消費者市場，最後也的確在市場佔有率上敗給了低價競爭者。如果當初該公司能多注意顧客，而不一味追逐與IBM相較的成就，康柏也許能及早察覺個人電腦市場正在發生的重大改變。另一方面，若一雜誌出版商只專注於顧客，也許能掌握市場的需求，但卻無法看出競爭對手彼此的整合，或者未能看出科技的改變將爲市場帶進新的競爭者。企業必須同時注意競爭者**與**顧客（以及其他相關人士）。若只注意一方面，便將在另一方面出現極大的盲點。

一家擁有大型地毯製造工廠的企業，正因仔細觀察顧客**和**競爭者，使得管理團隊體認到不得不面對的三項現實：該企業的纖維供應商，因爲最終消費者認同其纖維品牌，因此勢力愈來愈大；該企業的零售商正在進行整合，因此勢力也愈來愈大；而該企業本身並沒有與眾不同的產品。由於認清了這些事實，該企業便決定退出地毯市場。經理人將企業本身的思維模式 (mental model) 呈現出來並加以挑戰，便能體認到周邊地帶存在的威脅。最後，他們了解本身的業務已不再有利可圖。

這裡舉出的只是一部分的例子，顯示了多元觀點和方法，是如何協助經理人來解讀周邊地帶的訊息。對同一件議題重複掃瞄似乎沒有效率，就好像有兩個眼睛似乎對人類的視力是多餘的。但觀察角度重疊其實具有重要的目的，可以兩相對照檢驗，也可以查證微弱訊息的性質。此外，正如以下討論將指出的，多元的觀點和掃瞄方法，也有助於彌補我們個人和群體的視力上的缺陷。

我們為什麼有盲點

為什麼我們竭盡所能地想要了解周邊地帶的事物呢？我們的視覺受限於我們的思維模式，以及其他覺知上的扭曲（見短文「視力與所見」）。我們可以彌補各種認知上和情感上的偏見，部分的方法是借助多元的觀點⑨。我們不能小看這些偏見，並且要加以防範。然而，就算具備多元的觀點，如團體迷思（groupthink）這類組織性的偏見，還是可能遮掩了周邊地帶，就算是視野範圍廣闊，並且總是積極掃瞄的企業組織，也不例外。

我們所能看到的，是經過我們的思維模式大量形塑、裁剪過的影像。這些模式通常是無聲無息地在下意識中運作，因此無法輕易加以分析或質疑。一旦我們接受了某種模式，我們通常會把現實強行套入其中（見短文「在珍珠港被忽略的訊號」）。例如，消費用品業的一名

視力與所見

接收到一個訊息與實際上看到所發生的事，兩者有一點不同。科學家相信嬰兒出生頭幾天時，所見到的影像是上下顛倒的，隨著嬰孩與外界接觸後，影像才永久反轉過來。我們的視覺似乎在成人期仍保有這樣的彈性。在一項極爲特殊的心理研究中，實驗受試者被要求戴上一副使影像上下顛倒的眼鏡，剛開始時，受試者看到的每樣東西都是上下顛倒的，但幾天之後他們反應，所看到的影像是正的。當他們取下眼鏡之後，他們以正常視力所看到的影像卻是顛倒的（剛開始的一段時間）＊。另外也有一些生理上的違常，是因腦部主管視力的部分受損，使得病患可以看到實物，但卻無法辨識它。例如，病患可以完美地依樣描繪出一隻鳥，但卻把它認爲是一棵樹＊＊。奧利佛·薩克斯醫生（Oliver Sacks）曾描寫過一個著名的病例，一名視力功能正常的男子，誤把他的妻子當作一頂帽子。顯然視力與所見有別。正如哲學家康德（Immanuel Kant）所強調的，沒有**知覺**（preception，我們用來組織事實的心智範疇〔mental categories〕），就沒有感知（perceptions）＊＊＊。例如，如果我們事先對鳥或魚這類動物沒有概念，我們就不會看出鳥或魚。

我們通常只會看到我們在尋找的。這也就是爲什麼之前提到的那位原住民酋長，在新加坡遊覽時，只看到那一整車的香蕉。

* www.physlink.com/Education/AskExperts/ae353.cfm.

** Steven Pinker, *How the Mind Works* (New York: Norton, 1997), 19.

*** Immanuel Kant, *The Critique of Pure Reason* (London: Macmillan, 1933).

研發部門經理，可能在工作上抱持了一種態度，認爲產品設計是低階的包裝，是生產過程中所進行的最後一個步驟。另一方面來說，也有像是百靈家電（Braun）這類的公司，體認到好的設計不僅要能賞心悅目，就製造和產品服務來說，也必須是經濟實惠的。這些公司在新產品開發的初步階段，就思考著產品的設計。

當人們試著要對一個複雜的情況——如周邊地帶的模糊訊息——形成一個不偏不倚的判斷時，各種認知上和動機上的偏見卻似乎攙手從中作梗（見短文「偏頗的解讀」）。每當多項證據指向了不同的方向，或是缺乏重要的資訊時，心智便開始扭曲事實，將事實硬套進我們先入爲主的概念中。知識的缺口被預設的假設或推論所填滿，常使意見朝既定的方向傾斜。

在珍珠港被忽略的訊號

一九四一年十二月七日的早上，美國海軍驅逐艦瓦德號（USS Ward）的艦長聽到了一陣不清晰的爆炸聲，從本土的珍珠港的方向傳來。在此之前，這位艦長才在一艘航向珍珠港的敵方潛艇浮出水面之前，投發了深海魚雷將之擊沉。然而，當這位艦長航回港口、聽到這陣不清晰的爆炸聲時，卻掉頭對他的副官說：「我猜他們正在為從珍珠港到檀香山的新路，進行開山爆破。」儘管不久前，他才很不尋常地與一艘敵艦交過手，他還是以太平時期的心態來理解聽到的爆炸聲，而沒有警覺到這是美日之間首度敵對的訊息。太平時期的心態主導了他的思維，硬把爆炸聲套進造路工程的情境，而並未體認到當時正進行著空襲＊。

＊ 這個例子是由經濟學家薛尼・溫特（Sidney Winter）所提供，故事改編自以下兩本書：Roberta Wohlstetter, *Pearl Harbor: Warning and Decisions* (Stanford, CA: Stanford University Press, 1962) 與 Gordon Prang, *At Dawn We Slept* (New York: Penguin Books, 1981)。

這個微妙的過程大部分是以無意識的方式進行，也解釋了爲什麼人們對於種種議題，就算基於同樣的資訊，所得出的看法居然如此分歧。從陪審團的判決到有關伊拉克戰爭的意見，或是像墮胎或死刑這類爭議，各方都堅持自己的意見，而新的證據通常都經過過濾篩選，用來證實自己所持的信念。

組織性的偏見

除了個人的偏見以外，組織中的成員常患了爾文・詹尼士（Irving Janis）所謂的**團體迷思**的毛病⑩，在想法上、行動上、甚至衣著上都變得相像。例如，通用汽車因爲嚴重的安全問題而將科威爾轎車（Corvair）永遠撤出市場，許多問題早已爲人所知，但一開始公司內部卻不加以重視。正如派翠克・萊特（J. Patrick Wright）在《晴天時你看得到通用汽車》（*On a Clear Day You Can See General Motors*）一書中所說的，通用中沒有任何一位高階主管「會故意製造一輛他知道會造成傷亡的車」，然而，公司內部衝業績和獲利的壓力，使得他們忽視了「對安全性的嚴重懷疑」，並「壓下了可能證明該款車輛有缺陷的消息」⑪。直到倡導消費者保護運動的雷夫・奈德（Ralph Nader），在其一九六五年出版的《危險無時不在》（*Unsafe at Any Speed*）一書中，公開指出該款汽車引擎的缺失和安全性的問題之後，通用才將科威爾從市場撤出。

偏頗的解讀

雖然眞正的客觀可能仍是一個難以達到的目標，但經理人必須留意，人類的推論和判斷，潛藏著眾所皆知的陷阱。以下我們提出了幾個主要的陷阱，並附上簡短的例子，說明資訊是如何被過濾、解讀，以及我們如何刻意尋找額外的資訊，來支持先前的偏見。這些偏見互相作用，結果使得我們以某種特定的架構，思考某一特定的議題（而未完全評估其他可能的觀點），以至於對所持的觀點過於自信＊。

- **過濾**：我們實際注意的事物，絕大部分是被我們的預期所決定。心理學家稱之爲**選擇性感知**（selective perception）。如果有什麼事物看似不合理，我們通常的作法是扭曲事實，以求事實能符合我們的思維模式（mental model），而不是對我們的假設提出質疑。有個相關的現象稱作**促發**（priming）。我們在看到模稜兩可的圖案之前（例如本章之前提到人或鼠的形象），如果先在不同的內容中看到有關A的解釋，則我們在看到圖案時，可能傾向以A作爲解釋。例如，如果我們讀到的一首詩句中提到了老鼠，我們從之前圖案中看出老鼠的機會將大增。最後，有個動機性的偏見是我們一定要防範的，也就是所謂的**壓抑**（suppression），指的是我們拒絕看到現實。極端的例子是當鴕鳥遇到危險時，將頭埋進沙中，希望威脅就此消失。

• **偏頗的推斷**：經由認知與情緒過濾得到的任何資訊，都可能會遭到我們進一步扭曲。一個眾所皆知的偏見是**合理化**（rationalization），也就是說，解讀證據的方式是要使證據能支持我們所持的信念。我們會因此自認爲是受害者，例如，我們會將自己的錯誤怪到別人頭上，或歸咎於外在的狀況。通常這個過程是無意識的，因爲我們在自知有錯，以及想維繫我們不常犯錯的正面形象這兩種認知之間，試圖取得協調。**一廂情願**（wishful thinking）就是一種相關的動機上的過程，藉由這個過程，便能美化我們看到的世界。譬如說，我們看到的是一杯半滿的水，而不是一杯半空的水。或者，就算有隱約的證據，顯示自己的小孩吸毒或是配偶不忠，但我們仍一廂情願地否認。另一個常見的解讀偏見是**以自我爲中心**（egocentrism），也就是在解釋一樁事件時，過於強調自己在事件中的角色。這種自私的傾向，與**基本歸因謬誤**（fundamental attribution）這種偏見有關，基於這個偏見，我們加諸自己的行動的重要性，高於我們加諸環境的重要性。換句話說，我們把我們自己或我們的組織，誤以爲是整體系統的中心。

• **穿鑿附會**（bolstering）：我們不僅過度篩選有限的資訊，而且常常將資訊套入扭曲的解讀，我們還可能刻意尋找額外的證據，來進一步證實我們的看法。例如，我們可能只與同意自己的人說話，或者積極尋找能證實我們看法的新證據——這就是所謂的**確認**

性偏見（confirmation bias）——而卻不採取較爲平衡的研究策略，納入能推翻我們看法的證據。因此，時間一久，我們對相左的看法免了疫，而我們的看法變得僵化，我們的態度也更加強硬。的確，我們甚至可能受制於**選擇性記憶**，而那些不能符合整幅畫面的事實，因一時之便被我們遺忘。**後見之明的偏見**（hindsight bias）也是一樣，將我們的記憶扭曲，抹去了我們原本的懷疑。因此產生了惡性循環，使我們之前的偏見變本加厲，我們便在半眞半假的事實中作繭自縛。

以上所描述的是極端的例子（就像一個完美的颶風），其中，所有的錯誤都指向相同的方向。所幸，人類的確具備了相當的能力，能進行批判性思考，也體認得到自身的看法可能有所偏差，甚至可能只是自圓其說。不過，很少人能淸楚意識到這些偏見的範圍和強度，以及這些偏見通常會聯手隱瞞事實。好發問的經理人和組織必須體認到，進行批判性的探詢，先要具備開放的心胸、檢定多元的假設，並且傾聽資料到底傳達了什麼訊息。尤其是在周邊地帶，犯下自我欺騙、草率思考，以及亂下結論的機率極大，後果也非常危險。

* J. E. Russo and P. J. H. Schoemaker, *Winning Decisions* (New York: Doubleday, 2002).

挑戰者號太空梭的意外，也浮現了類似團體迷思的問題。一般所認爲的優秀經理人和聰明的人，怎麼會做出如此不當的決策？研究發現，三個臭皮匠不見得能勝過一個諸葛亮。團體**只有**在具備有效率的作業程序時，其覺察上和反應上的表現才會優於個人。各種資訊的片斷只有在經過分享，且被拼湊到整幅的馬賽克畫面時，其價值才能眞正受到賞識。資訊分享很重要，尤其是在周邊地帶，因爲當資訊跨越組織單位的藩籬而被分享時，觀點和記憶四散於組織各處的問題，才能獲得解決。不過，要避免資訊超載，經理人必須讓視野和策略相互配合，團體中的每一位成員才能看見整體的畫面，也才知道他（她）的觀點在整體畫面中的位置。

理解是在複雜的社會環境中產生的過程，人們不僅對於言論敏感，也對提出的人敏感。基本上，當我們評量資訊的意義時，不僅評判訊息的本身，也評判訊息的來源。資訊來源的可靠性受到許多因素影響，例如身分、過往的經驗，以及政治。由於大部分經理人從多方來源取得資訊，他們必須留意存在其中的偏見。例如，當醫師看了一名抱怨有感冒症狀的新病患，心中已列出一長串依發生可能性大小排列的假設診斷，用以解釋病因⑫。然而，由於我們常常依賴經驗或直覺，這時便可能產生各種偏見。例如，這位醫生可能不信任病人提供的是可靠的答案，因此輕忽了一項微弱的訊息。或者，醫生同事們的意見，可能會因爲他們的經驗或他們在醫院中的社會地位或權力地位的不同，而被加以不同的評價。社會學家已進行了許多相關研究，研究社會中各種人際網絡是如何影響資訊的流通，包括從企業界互有關聯的董事會，到某一社區中對一項新產品的採用狀況⑬。當資訊是微弱的或不完整的時候，社會因素的偏見就特別重大，而處理周邊訊息時，通常就是這樣的情形。

個人偏見的存在，凸顯了我們爲什麼在看待一項議題時，必須結合不同的觀點。然而，組織上和團體上的偏見，則顯示了這些不同觀點產生和連結的方式，將影響組織了解周遭環境的能力。

改進理解力

個人或組織要如何克服先天上的偏見和盲點，以改善理解的能力呢？以下列出各種有幫助的方法。

- **找尋新資訊迎戰現實**　包熙迪（Larry Bossidy）與夏藍（Ram Charan）進行過討論，探討資訊儲存公司ＥＭＣ，是怎麼疏忽了產業環境中的重大改變，以至於該公司二〇〇一年的銷售迅速衰退。當時ＥＭＣ的銷售團隊對資訊長信心滿滿地表示，只不過是客户延後下單罷了。依他們的解讀，訂單下滑的原因是暫時性的干擾。當喬・涂希（Joe Tucci）於二〇〇一年初被任命爲ＥＭＣ執行長時，與客户企業中的執行長和財務長們溝通，發現客戶們正在改變營運的方式。這些客戶對於以高額的成本取得高效能的軟體並沒有興趣，他們要的是可以與其他廠牌的硬體相容的軟體。IBM與日立（Hitachi）正以低價銷售相容於EMC軟體的機器。由於EMC的市場佔有率下滑，涂希便迅速地將EMC的業務轉型，把焦點放在軟體與服務上，而非已漸漸商品化的硬體上。當涂希一體認到新的現實狀況，該公司便馬上進行組織改造，適當地加以因應。正如包熙迪與夏藍所述，企業最大的失敗通常不是因爲管理不好，而是因爲沒能「迎戰現實」⑭。

• 形成多元假設

組織必須發展能互別苗頭的假設，而不是只求單一的簡單答案。例如，物理學家法拉第（Michael Faraday）意外發現感應電流（induction current），是因爲他注意到當他改變一條線路周圍的磁場時，他的電壓計出現了變動。其他許多物理學家可能也看過刻度盤上短暫的變化，但並沒有體認到這在科學上有著深遠的意義。但法拉第對磁場有深入的知識與興趣，他抱持開放的態度並且眞正具有創意，針對多種假設進行思索。組織也是一樣，必須爲微弱訊息的意義提出多元的假設。可惜的是，組織性的理解通常被導向單一的意義，因此新的資料常硬被套進既定的思維模式中⑮。經理人對模稜兩可的狀況忍耐有限，不願多花額外的時間發展另類的假設。

• 鼓勵建設性的衝突

對一致性的渴望以及團體迷思的力量，容易限制衝突。然而，衝突可以是有建設性的，尤其是當衝突的焦點是工作的任務，而不是個性或人際關係。許多研究證實，在工作任務上適度發生衝突，將導引出更優越的決定。適度的衝突可以促使團隊成員創造一個更堅固的架構、蒐集更優良的情報、探索更多元的選擇，以及更深入地檢視議題。適當的衝突也使得團隊在過程中，能考慮到個人的周邊視力。相反的，氣氛較爲和諧的團隊，可能會忽視了拼圖中重要的碎片。重要的資訊可能就攤在桌面上，但同時也被鎖在團隊成員不出聲的心思中，因爲團體中有著微妙但卻強大的壓力，迫使成員們事事同意，而不表達自己心中的想法。

羅織緊密的團體可造成不正常的團體迷思，較不僵化的團體通常可發揮比個人更優秀的表現。索羅維基（James Surowiecki）在《群眾的智慧》（*The Wisdom of Crowds*）一書中表示，很多的例子指出，團體可以比個人做出更好的決策⑯。當企業建立機制（例如德慧調查法）來網羅組織集體的智慧，而不強化團體的一致性時，索羅維基的論點尤其正確。建立一個不記名的意見市集，是避免集體短視的一個作法。例如，一九九〇年代，惠普公司（Hewlett-Packard）要求員工參與一個新成立的意見市集，預測惠普的銷售狀況。員工可在午餐時間和傍晚時在這個市集中下注，以投注的方式表達他們對市場走向的看法。這個市集的預測，一百次中有七十五次比公司傳統的預測要準確。比較近期的例子是，禮來製藥公司（Eli Lilly）的一個部門，要求員工根據各送審藥物的簡介與實驗資料，預測各項藥物是否會經美國食品藥物管理局（FDA）核可，而公司內部的意見市集，正確地從六項送審藥物中，預測出最後獲得批准的藥物。

- **運用局部化的情報**　智慧光點（Intelligent Pixels）是一家奠基於昆蟲視力研究的科技公司，其創辦人之一的邁可·馬法達（Michael Mavaddat）曾指出，昆蟲的視力與人類的視力非常不同：「昆蟲所運用的是複合式鏡頭的系統，其大部分觀看與覺知的活動，就發生在眼部而不是腦部。」「昆蟲有著驚人的周邊視力，不僅是因爲具備了複合式的眼部結構，也由於牠們是在每一個眼孔上，有著『局部化的智慧』。牠們察覺周邊地帶中發生變化的方法，是由比鄰的眼孔互相比較資訊後，得出環境發生變化的結論。」[17]例如，蜜蜂飛過一個隧道，是以保持兩旁牆壁影像的速度均等爲方法，來確保牠與兩旁的牆壁保持著相同的距離。相較於集中化的理解過程，組織有時候必須在組織局部的層級上，擷取較多的情報，並進行較多的理解過程。恐怖分子的網絡，已展現了這種方法所產生的致命力量和彈性，他們運用的是幾乎自主運作的「細胞」（cell），進行局部觀察和思考。而較正面的例子，則是Linux與自由軟體開放源碼（open-source）的運動，就是運用局部的設計，來建構一個持續進行的全球軟體計畫。

- **進行對話分享宏觀的畫面**　組織中的個人必須看出，資訊可以套進整體畫面的哪個地方。否則，這片沒有連結的資訊將起不了作用。人員必須經常進行公開的對話。許多企業資訊的分享，仍然停留在「有需要才告知」的基礎。

要達成組織性的整合和多元分化這兩個看似衝突的目標，一個方法是依之前所討論的，爲未來規畫多元的情境。每一個情境必須描繪出在未來可能發生、一切合乎情理的故事。經由同時考慮多元的情境，組織對未來的看法，便可以避免被鎖定在單一的觀點上，並且在探討新訊息的意義時，也可以以規畫出來的各種情境作爲討論的架構⑱。

組織常將周邊地帶的微弱訊息過濾掉——尤其是那些與主導性的世界觀不相符的訊息——但情境規畫卻有系統地搜尋可能預告市場、社會即將出現的根本變化的微弱訊息。與其使微弱的訊息變得更含混不清，情境規畫可以放大來自邊緣的訊息，如此一來，有更多的人都能看見它。因爲呈現了多元的情境——某一微弱訊息在每個情境中，可能有著不同程度的策略性意義——因此組織便可避免過度自信，看法不至於被鎖定在單一的觀點上。由於發展了各種情境的假設，也就保存了在研究周邊地帶時所不可避免的不確定的特性⑲。

結論

我們已檢視了人類在理解模糊資訊時所面對的挑戰，也討論了我們可以如何因應這些挑戰。在個人層面上的重大問題是，人類受害於各種認知和情緒上的偏見，卻又不自知。這些偏見讓人類在做各種判斷時都不勝苦惱，而當模稜兩可的事物愈多——例如在周邊地帶——這些偏見就更可恣意破壞了。當資料很清楚且具說服力時，要正確理解事物就很容易；但當模糊的程度愈高，微弱的資訊便很輕易地被我們扭曲，直到它們被扭曲成符合我們所希望的意義。

資訊分享和三角交叉檢視，有助於克服這些解讀上的偏見。但除了好好地「連連看」以外，經理人也可以蒐集更多的資訊，以求更了解周邊地帶正在發生的事。探究和認識周邊地帶的過程，就是我們下一章要討論的焦點。

5

探究

要如何更仔細地探索？

大部分實驗所要測試的是
預期爲眞的特定假說，
而故意犯錯的策略擺明了
是要檢驗預期爲僞的假說，
而當這些預期爲僞的假說
出乎意料地被證明爲眞時，
將全然地改變思維模式。
如果我們眞的想有效地探索周邊地帶，
我們必須以負向的檢驗來平衡正向的檢驗。
企業通常知道從無心之過中可學習的寶貴教訓，
但很少藉著故意犯錯來進行深入的探索。

「思想家將自己的行動當作是實驗與疑問——是一種想去發現什麼的嘗試。成功或失敗對他來說是答案，而不具任何更重要的意義。」

——尼采

當告別式會場出現十八呎長的獨木舟、高爾夫球桿和哈雷重型機車，約翰・卡曼（John Carmon）就看出了人們對葬禮的態度顯然正在改變。他看到人們的心態從哀悼死亡，轉爲慶祝往生者的生命（以愛爾蘭守靈〔wake〕的傳統爲藍本）。「對於人本身與靈性之間的關係，人們的看法有了重大的轉變，」這位康乃狄克州卡曼殯儀服務公司（Carmon Community Funeral Homes）的總經理說。「過去，當死亡發生時，人們會依循所屬宗教的傳統行事，但今日的葬禮是有關個人的，並且是有關個人在人世間的定位，比以前更具個人的特色。」①

在美國，參與宗教組織活動的人數逐漸減少，再加上崇尚個人化的風氣盛行，因此人們對死亡與喪禮的態度不同於以往。選擇火葬的人數增加，也使得喪禮舉行的時間與方式，比傳統土葬更具彈性。火葬的增加不僅反映了態度的轉變，也反映了社會變化的加速以及都會地區墓地的短缺。

面對這些變化的徵兆，卡曼與其他殯葬業者可從人們改變的態度中學到什麼？這對殯葬業務又意味著什麼？卡曼爲了回應亡者親屬的要求，實驗性地提供了較爲個人化的喪禮服務；目前，他正準備推動更廣泛的實驗。二〇〇五年四月，卡曼於康乃狄克的埃文郡成立了「家庭生命中心」，看起來完全不像傳統的殯儀館。這個中心是專爲舉行非傳統的喪禮所設計，提供了許多彈性。禮堂中配備了五十吋的平面螢幕，可用來在儀式中播放照片與錄影帶，中心也提供網路串流視訊的技術（Web-streaming Internet technology），讓人在遠方的親友也能參與觀禮，不論是從世界任何一個角落，都可即時寄發悼念電郵。卡曼甚至雇請了類似婚禮祕書或活動策畫的兼任喪禮籌辦人，協助家屬安排喪禮的細節。

大部分葬儀社服務的地區範圍有限，卡曼的新中心卻預期能像婚禮場地一樣，吸引到較遠地區的顧客。但是這項創新的作法牽涉了許多假設，還有待更全面的測試，才能確定是否眞的可行。雖然這個模式尚未經過印證，但卡曼與其團隊努力地打造、琢磨他們的假說。除了亦步亦趨地觀察市場趨勢以外，他們也進行了人口學的分析，並在中心成立的所在地，舉辦了社區性的調查；結果似乎顯示，「家庭生命中心」可能行得通。然而，眞正的試煉是要開啓機會之門。「這是在全新的市場中冒險，」卡曼在新設施啓用之前這麼表示。

在剛開幕的頭兩個月，新中心服務了十一個家庭，得到廣大的好評。尤其是針對如網路串流視訊這類新科技的採用。事實上，由於他們的服務對佛羅里達的某一家人來說深具意義，因此康州的《哈特福報》（*Hartford Courant*）特別以四個版的篇幅加以報導，而這篇報導又被四家地鐵報轉載，最後連CNN也進行了採訪。卡曼提到，「眞正的考驗要看一年以後，這項服務是否還繼續被人接受。」不過，他已著手計畫以同樣的手法，將業務擴張至其他地點，未來兩年中將於兩處會場加裝網路攝影機，以及用來播放懷念影像的投影機、螢幕和光碟機。

採取行動，但不可反應過度

當卡曼這樣的企業主管注意到，往生者的親屬要求將獨木舟與重型機車帶到喪禮會場，以及選擇火葬的數量增加時，他該如何因應？這個趨勢會持續下去嗎？組織要如何更確切地了解這些改變的影響和意義？首先第一步，通常就是探索周邊地帶，使組織把注意力轉移到各種微弱的訊息上，並且進行更仔細的觀察。正如我們之前所討論的，周邊地帶的訊息常模糊又不具色彩。一旦辨識出一些有意思的訊息，接下來的挑戰就是要決定該於何時、以何種方式，更進一步地觀察，以便深入了解細節。

但關鍵是不可反應過度，畢竟這些訊息既微弱又模糊。它們可能代表任何意義，就算真有意義，其中仍然存在許多不確定性。以慶祝生命的概念來舉辦葬禮的這個趨勢，是會持續下去，還是會產生反作用力，最後回歸傳統呢？這個趨勢是會加速前進，還是會有預期不到的轉折呢？殯葬業會走向完全不同的新方向嗎？正當選擇火葬的數量快速增加，另一方面也出現了具有環保概念的墓地，提供灑葬的場地與環保自然葬的方式，而不是傳統鋪著草皮的墓地。而林葬墓地採取的方式，是將往生者未經過防腐處理的大體，放置在可生物分解的棺木後下葬②。這個趨勢是否會愈來愈普及，進而減少選擇火葬的數目？而這對殯葬業又會有什麼影響？

探究策略的設計是爲了蒐集更多資訊、進行實驗、發展不同的選擇，以及更理解周邊訊息到底代表什麼意義。有時候，這表示要更廣泛地搜尋資訊以檢驗假設；有時候這卻表示要設計實驗，就如卡曼的例子；而又有些時候，訊息不具任何意義，應該要被忽略。

卡曼經營著八處葬儀會館，大部分都非常傳統。他並未將全數事業都朝向新的模式發展。他將這個新成立的「家庭生命中心」視爲前哨站，也當作一個學習的機會。實驗中行得通的作法，將形塑該公司未來幾年在其他地區提供的服務。這是針對產業出現的變化，愼重規畫出來的因應行動。

三種反應模式的摘要

卡曼選擇設立實驗來探索周邊地帶的這個方法，屬於因應模糊訊息的三種方式中的中間路線③。

一、觀察和等待　當訊息互相矛盾而增加了不確定性時，或是當企業資源豐富，有本錢迅速跟上趨勢而不必身先士卒時，選擇這個被動的方法就非常適當。當企業成爲先驅者所取得的優勢並不強大，反而得面對很大的風險時，觀察和等待通常是很好的策略。當不採取行動時，得付出的可能成本很低，選擇這個方式通常也較爲有利。

二、探索和學習　當不確定性降低，或者是不行動的成本提高時，就需要選擇較爲積極主動的方式，包括了以先進的研究方法，有目標性地探索市場，以及針對一項新興的科技，協商實質選擇權的協議，取得先行採用或放棄不用的決定權。基本的概念是要小心權衡策略性的選擇權組合，以便持續參與市場的競爭，不受制於對手的行動或外在事件的影響。

三、相信和領導　當機會大有可爲，或者面臨了立即的威脅，或是在對手之前行動有利可圖時，企業就必須全面採取果斷的作法。當來自周邊地帶的訊息都指向了同一個結論，支持大膽的行動，這時，採取積極的回應便是理所當然的。前提是，必須充分理解根據周邊模糊訊息而決定的行動所具有的風險，以免落得像唐吉訶德一樣，與風車進行無謂的、幻想的戰爭。

這三種策略模式是具有連貫性的，本章著重的是探索和學習的方法，尤其是要討論能增加探索效果的實質選擇權。下一章所要討論的則是相信和領導的行動策略，特別是可充分利用絕佳機會的各種作法。當然，這兩者是密切相關的。

圖五・一：殯葬業的情境

消費者偏好的改變

產業結構的改變

	輕微	顯著
漸進	以傳統 爲依歸	涵蓋所有的 悼念方式
鉅變	市場入口 多元化	最適者 生存

資料來源：決策策略國際顧問公司（DSI）與全國殯葬業主管協會。

運用情境來探索意義

卡曼爲了要了解產業環境中的改變，及對殯葬業務的影響，首先採取的步驟，便是探究各微弱訊息所指出的方向。這就得先找出各式各樣的訊息，再依此描繪成各種觀點和故事（情境），可凸顯市場策略中的不確定性。卡曼也建議全國殯葬業主管協會（NFDA）——卡曼本身即擔任主席——進行這樣的工作，以協助協會會員適應市場的改變。協會曾舉辦一場爲期兩天的研討會，參與的包括近一百位的產業領導人，爲殯葬業的未來討論出四種可能的情境。圖五・一將這些情境做了歸納，包括從消費者偏好小幅度的改變與產業結構漸進的改變，到消費者偏好與產業結構同時發生戲劇性的鉅變。

歸納出這四種產業情境有許多目的。第一，

他們提供了學習的主題。一旦接收到新的資訊，便可套入某一情境來加以考慮，也就是將原本視爲不相干的雜訊，套入模型進行分析。例如，手機設計愈來愈個性化，原本被認爲與殯葬業毫不相關，但現在可能被認爲是指出，產業將朝向「涵蓋所有的悼念方式」或「最適者生存」發展的徵兆之一。第二，藉由追蹤這些訊息，領導者能迅速感應出哪一個情境發生的可能性愈來愈高。這樣的覺知能使經理人更確定所看到的畫面，使組織能比對手先一步採取行動，或在機會窗口關閉之前及時行動。第三，藉由情境的鋪陳，對於世界將如何改變的各類假設便可一一呈現。領導人可以設計實驗，例如卡曼的新中心，對這些假設進行檢定，也因此加速了學習的過程。如此一來，卡曼便能對不同情境下的獲利模式進行檢驗。最後，企業可在實驗進行的過程中，培養適用於多種情境的組織能力，因此不論未來如何變化，企業都能成功。

檢視對企業的衝擊

像卡曼這樣成立新中心來進行試驗，可以洞悉外面的世界是如何改變的，也能跳過競爭測試新的商業模式。傳統葬儀社的商業模式，強調的是如殯儀館、靈車和靈柩等等的實體資產。這樣的商業模式除了因火葬的趨勢而受到壓力外，也比不上以勾選的方式購買喪禮相關產品、服務項目的作法。例如，網上購買棺木可打兩折，且保證幾天之內一定運達。價格競爭以往在這個產業中很少受到討論，但現在卻比較檯面化，按照客戶所要求的不同安排，也因此有各種價格組合。此外，資訊科技的進步，不僅使得價格愈來愈透明，也使得遠方親友藉錄影或網路轉播參與葬禮的情形愈來愈多，這點有助於增加喪葬業者的收入。

探索企業受到的影響，也有助於辨識新的競爭者。殯葬產業中的改變，可能促使消費者不考慮傳統葬儀社，而尋求新競爭對手所提供的服務。例如，醫院與安養中心等等與死亡有關聯的機構，可能會擔任起葬儀社部分的角色。專門舉辦喜慶宴會的飯店——舉辦生日、受洗、婚禮和周年紀念的場地——能輕易將追思紀念加入服務的項目。卡曼和同業在探究和學習的過程中，也應該研究，產業中是否有哪些改變，將使市場的大門向非傳統的競爭者開啓。舉例來說，若傳統固網電話公司具有這樣的警覺性，之前在高速寬頻網路向世界各地擴張之際，也許就能發覺有線電視業者、無線通訊業者，以及其他業者將帶來的威脅。

此外，以上所提到的改變，可能連帶對人力資源與營運過程造成其他影響。以卡曼雇請了一位喪禮策畫人為例，由於提供的服務愈來愈客製化，葬儀社主管的角色也從**主導**，變為**協辦**高度客製化的喪葬服務。在舊有的模式中，葬儀社經理會指示，該如何帶領客戶參觀、正式的服務該如何進行、送葬車隊要如何排列、應選擇哪條路線到達墓地等等。但在一些情境中，這個近乎獨裁的角色已改頭換面，朝向類似婚禮策畫人的功能轉型，而讓顧客擔任主導的角色。我們可以順著這些情境想像，在四種不同的未來之下，葬儀社一天的運作將各有何不同，以及目前的運作方式將如何改變。這樣的思考也將衍生出新的看法，推想在人員聘雇、優惠方案、組織程序等等層面上，開如何配合以落實改變。

探索和學習之所以這麼重要，是因爲這些情境改變的速度與性質，會因地點不同而有很大的差別。甚至像是人口老化，或某一族群人口增加，這類人口學上一般性的趨勢，對不同的城鎮或社區所造成的影響也不一樣。位在屬於上層社會比較高檔的社區的葬儀社，可能會接受類似卡曼所設置的新設施。但位於一個穩定性高、傳統性強的社區的葬儀社，可能會選擇觀望，看看產業結構與消費者偏好的變化會造成什麼影響。因此，企業領導人必須小心地針對其市場和社區的環境，探索各種微弱訊息眞正的意義。

更廣泛地找尋資訊

周邊地帶的一個訊息，有時將觸發更廣泛的資訊搜尋。舉例來說，馬修・西蒙斯（Matthew Simmons）提供能源公司有關併購的顧問服務，已有超過三十一年的經驗，並累積了廣闊的人脈，幾年前，他跟著政府的考察團到沙烏地阿拉伯訪問，對沙國廣大的石油礦藏有了更深入的了解。雖然同行的參觀者對於沙國招待人員的介紹說明印象非常深刻，西蒙斯卻不以爲然。實際上，他的警覺心不斷升高，沙國官方所宣稱的龐大礦藏，其實從未經外界獨立人士證實。此外，他也注意到，沙烏地阿拉伯石油公司（Aramco）一名資深經理曾對訪問團提起，他們是運用先進的統計技術如模糊邏輯（fuzzy logic）來預測剩餘的油藏。可能是因爲西蒙斯不喜歡**模糊邏輯**這個詞，或者是由於畫面中正好又拼對了好幾塊拼圖，總之，西蒙斯強烈感覺到他必須自行展開調查。他已經注意到周邊地帶有些不對勁，現在他需要做的是更進一步的探索④。

可惜的是，沙國的油田雖然如此廣大，但關於其確切規模、歷史和特徵，所能得到的，只有沙國政府控制下所釋放出來的資料，非官方出版的數據非常少。沙國油田的數量很多，最大的一座名爲加瓦爾（Ghawar）的油田，其產量幾乎佔了沙國原油總產量的一半。這座油田已開採了五十年之久，累積產量爲五百五十億桶原油。全球各地每天競相消耗的八千五百萬桶原油中，有五百萬桶便是這座油田所供應。西蒙斯知道油田是出了名的善變，此外，以幫浦將水或氣體打入油井以保持原油流出的壓力，一座油田最多也只能開採出百分之四十的油藏。阿曼有座長期生產的油田，每天產量本來有九十六萬桶，但突然於二〇〇一年開始減少。如果同樣的情況發生在加瓦爾這座全球仰賴的油田上，那會發生什麼狀況？西蒙斯四處尋找，找出由沙國石油工程師於世界各地研討會所發表的文章共約兩百篇，他以此爲資料庫，發展出石油蘊藏量的推估模型，並且下了一個結論，認爲沙國大大地高估了其石油藏量。西蒙斯的著作《沙漠餘暉——未來的沙烏地石油衝擊和世界經濟》（*Twilight in the Desert: The Coming Saudi Oil Shock and the World Economy*），包含了相關的細節，而且書名明白地傳達了他的訊息，而這個訊息也引起了沙國人士與其他人士激烈的爭論⑤。

不論西蒙斯最後被證明是對是錯，像他這類的經理人必須在每件事都還相當不確定時，從許多微弱訊息中選出需要加以關注的部分。這個過程的開端可能只是突然出現的靈感，但之後可延伸發展出廣泛的調查工作。當然，並非所有的靈感都有用。但當西蒙斯一發現不協調的訊息，便開始探索其他人尚未注意或不當一回事的細節。聰明警覺地追蹤周邊地帶的訊息，正是本章所要討論的主題。

設計實驗與選項

探索和學習周邊地帶最好的方式之一，是設計實驗來降低不確定性中影響力最大的項目。這些實驗必須要能檢驗與企業有關的特定假說和先設條件。如卡曼新成立的「家庭生命中心」，爲他的企業開啓了一扇朝向新世界的窗口，不僅提供了資訊，也創造了一個選擇權，使企業能以這個實驗爲架構、以試驗所得的市場反應爲基礎，擴張投資。投資於**實質**選擇權，就好像投資**金融**選擇權一般，其中的不確定性一旦降低，原本小規模的投資，便爲未來創造了進一步的投資機會（見短文「實質選擇權」）。

例如，各家藥廠與診斷器材公司，正密切關注一項名爲「奈米系統生物聯盟」(Nanosystems Biology Alliance）的研究合作計畫，這項計畫的目的是要創造奈米晶片實驗室（nanolab）。所

實質選擇權

金融選擇權是經理人耳熟能詳的，但**實質選擇權**一詞所要指出的是，有些策略性投資（這是不能在金融市場上買賣、交易的）所創造的「風險—報酬」曲線，與金融選擇權非常相似。它的基本概念是，今日小筆的投資將提供未來一個選擇的權利，等到不確定性降低後，可決定採取進一步的投資。金融市場中典型的購回選擇權，是爲特定的行動創造一個決策的機會，但又不需付出承諾。這讓投資人可以等到未來再決定投下更多的資金。例如，投資人買下一百張普通股票的選擇權，能在約定的一段時間內，以履約價格買進股票，如果股票的市價上漲超過了履約價格，表示投資人是以折價購買股票，若股票市價跌破了履約價而投資人放棄買入股票，那麼損失的只是當初購買選擇權所花費的小筆資金，而不是購買股票的整筆花費。正如「選擇權」一詞所隱含的，投資人保留了在未來選擇購買股票的權利，但又沒有非購買不可的義務。

實質選擇權在策略上也具有相似的目的。例如，一家公司爲了了解一項新科技或市場，而保守地投注了小筆的資金，也許用來支持公司本身實驗室的研究，或者投資成立新公司，或是舉辦試賣活動。如果一開始的嘗試是成功的，那麼該公司握有事先同意的選擇權，可選擇對研發和商品化追加可觀的投資。如果該科技的發展成效不佳，公司所冒的風險只是花在這項計畫上的種子基金而已。藉著使用實質選擇權，該公司壓低了初始的投資金額，而又能了解這項新興科技，並且保有一些潛在的優勢。

實質選擇權所提供的架構，不同於較爲靜態的投資評估，後者所根據的是淨現值或其他折價現金流，並且假設現金流的風險是固定的，可以明確地量化。但事實通常不是如此，特別是在處理周邊地帶的時候。新興科技或未經市場證明的產品，其風險是未知的，且隨時間而有所改變，要精確地預期折價率，簡直就是在黑暗中射擊。相反的，以實質選擇權的方式思考，明確地說，就是認同先進行探索和學習、得知一個較爲精準的全貌、之後再進行大量的投資這種作法的價值。

就像金融選擇權一樣，實質選擇權增加了企業的彈性，讓企業得以在進行過程中，延緩、擴張、縮短、終結或修改計畫。實際上，有了這些選擇，讓企業組織能迅速地掃瞄邊緣地帶，看看是否有需要特別注意的地方。幫助企業發覺周邊地帶可能改變遊戲規則的議題，而又不至於過度分散焦點地區所需的注意力與其他資源＊。

＊ William Hamilton, "Managing Real Options," in *Wharton on Managing Emerging Technologies*, edited by G. S. Day and Paul J. H. Schoemaker, 271-288 (New York: John Wiley & Sons, 2000).

謂的奈米晶片實驗室，是個一公分見方大小的電腦晶片，可以感應一萬種不同的蛋白質，藉此測出即將發生的疾病徵兆。這項新的診斷方法，有助於找出功能異常的分子途徑（molecular pathways），加以藥物控制。藉著進行較小規模的投資發展這項科技，這些公司保留了一項選擇權，可在這項科技有所進展之後，對此項科技的產品化過程進行實質的投資。基本上來說，他們是同時進行探索、學習和創造選擇權。

以投資學習

長期來說，投資實質選擇權終將得到金錢上的報酬，而在短期中，其最大的回收包括了新的知識，以及對周邊地帶的發展有了更眞確的認識。例如，中情局設立了In-Q-Tel這個私營的、不以營利爲目的的創投基金，在探索、學習有利情報工作的新興科技上，有效率地扮演了前哨站的角色⑥。In-Q-Tel通常會與其他的投資人，一起投資新興的科技公司。雖然投資的目的是期望有所收穫，但中情局主要的興趣卻不在賺錢。讓中情局感到更有興趣的是，這些投資開啓了通往新科技的窗口，而這些科技對其情報工作可能相當重要。In-Q-Tel提供了中情局一個可充分開發利用各種最新科技的選擇權。

例如，In-Q-Tel早期的投資之一，是位於拉斯維加斯的系統研究開發公司（SRD），該公司建置了一套資料分析軟體，用來找出資料中潛藏的關聯。這套軟體是爲賭場打擊詐騙賭徒所設計的，但其特性也可供中情局所用，針對中情局內部有關恐怖分子網絡或其他威脅的資料中，找出關聯性。拉斯維加斯的賭場業與位於維吉尼亞州的中情局總部之間相距遙遠，但In-Q-Tel協助中情局在周邊地帶找到這項科技，中情局經由旗下的投資，便能盡速了解這套軟體的應用與發展。

使用選擇權進行不同形式的學習

實質選擇權可以爲許多目的所用。伊安‧麥克米蘭（Ian MacMillan）與莉塔‧麥奎斯（Rita Gunther McGrath）提出了「機會組合」的概念，反映新興科技和市場中不確定性的程度，並且描繪了「機會組合」中各式各樣的實質選擇權（見圖五‧二）。這種矩陣的目的，是要爲包含了不同風險高低的科技投資組合，提供定位、評估和資源分配的架構。以下有幾種形式的選擇權，與探索和學習的過程特別有關：

- **偵察選擇權**　這些是屬於謹慎的投資，目的是爲了發現或創造市場，In-Q-Tel的創投基金就是一例。比喻爲軍隊的偵察行動很恰當：軍事將領派遣斥候出去尋找敵人，最後就算斥候一去不回，至少也知道了敵人大概在哪個方位。進行小規模的試驗行動，最好的時機是當產品或科技已經相當確定，但市場尚不明確之時。藉著小筆投資進行探

圖五・二：選擇權的許多用途

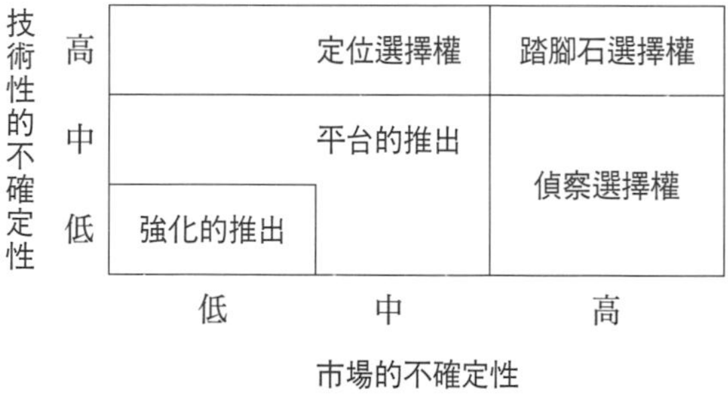

資料來源：Ian C. MacMillan and Rita Gunther McGrath, "Crafting R&D Project Portfolios," *Research Technology Management* (September-October 2002): 48-59.

索，企業便能更了解市場，而不需要一開始就爲了商品化，進行大筆的投資。

・定位選擇權 當市場機會很明確，但尚有許多未經證實的產品或商業模式時，便可借助這類審慎的投資，以保留選擇的權利。目的是要花最少的學費來學習。譬如說，在行動電話或其他科技發展的初期，企業面對各式各樣的標準和規格，對於哪項規格最後會成爲標準，非常不確定。處於這類的不確定性之下，便可運用實質選擇權，使企業在所有標準的發展上都保有立足點。微軟於一九八〇年代中期就曾這麼做過，對多項平台的發展都投注了資金，包括自家公司的DOS系統、IBM的第二代作業系統（OS/2），以及蘋果電腦的麥金塔作業系統[7]。一旦清楚了哪項標準贏得普遍的採用，微軟便能迅速地因應，而在沒有出現共通的標準之前，則繼續發展多元的規格路線。

- **踏腳石選擇權** 這些選擇權擔負了市場與科技高度的不確定性，因此在可行性完全確定之前，必須將固定投資和固定成本壓得愈低愈好。這些小規模的探索行動有助於增加你的經驗，而你可利用這些經驗作為踏腳石。例如，三洋企業（Sanyo Corporation）首先是為手錶與計算機等低階電子產品，發展太陽能電池；以早期的太陽能電池供給這些產品電力，是輕而易舉的事。該公司在低階產品的應用上有了經驗後，便改良科技、解決技術上的不確定性、增加效率並創造適量的收入，使得該公司最後得以邁向高階產品的應用，譬如供給工廠暖氣設備電力的太陽能板。借助於一連串的踏腳石，該公司不斷擴展這個領域的業務，同時也不斷增進對這項科技的了解。

愈來愈多的擴張性投資，已超越了探索與學習的目的。其中包括了平台選擇權——例如吉列公司（Gillette）的新刮鬍刀技術——創造了進一步提升產品功能的選擇權。採取此作法的最好時機，是當微弱的訊息的強度增加，足以讓你決定投入大量的賭注。也有些投資，是以現有的平台為基礎，進行進一步的提升。同樣的，由於市場不確定性較小，這些投資的目的不是探索和學習，而比較傾向是為了利用明顯的機會。

麥克米蘭與麥奎斯發展了一個相關的架構，對於運用選擇權來學習的作法有所幫助。以發現爲目的規畫投資，有助於爲具有不確定性的事業，進行假設的辨認、檢驗和追蹤。新的投資在此被視爲一連串的假設——有些很明確，有些則不明顯——且必須盡快進行檢驗。與其被動地等待這些假設在平常的業務運作中獲得證實或推翻，經理人可以選擇一些重要的假設，經由刻意安排來加速發現的過程並盡早完成檢驗，這與爲了尋求重要發現而探索特定領域的作法類似。舉例來說，他們的工具之一——「逆向損益表」(reverse income statement)，能促使經理人找出達成目標營收的假設前提。從這些假設出發，回頭追溯出達成財務目標必經的里程碑。這種架構可幫助經理人釐清不同的假設對企業財務的意義，並且盡速了解什麼行得通，什麼行不通。此外，也讓經理人能更果斷地決定何時抽身而退、何時加速投資⑧。

尋找意外的發現

實驗除了能檢驗假設以外，也可能提供意外的見解，正如杜邦進行生物科學的實驗時所發現的一樣；生物科學對杜邦來說，蘊藏了許多潛力極大但不確定性也非常高的機會。新的科技可以將生物質量廢料(biomass waste)——如玉米殼——轉變爲珍貴的汽油替代品，或是各式生物材料(biomaterials)。但是哪些選擇將有利可圖？

「可供考慮、選擇、投資的生物性資產數目驚人，」杜邦生物基礎材料部副總裁暨總經理約翰・瑞尼禮(John Ranieri)博士表示⑨。「我們的挑戰是，要如何累積足夠的知識，並將這些知識組合起來？從今以後，我們要開始以不同的、更聰明的方式問問題——而這將衍生出許多驚喜。如果你不感到驚奇，事實上也就表示你沒有問對問題，因爲在現今的環境中，你理應會感到驚奇。」

杜邦運用了實質選擇權，探索周邊地帶的這個不確定的區域。爲了發展生物質量的相關科技，該公司與美國政府共同成立了一項價值四千萬美元的計畫。杜邦爲了探索生物材料，在包括永續材料和能源、生物表面（biosurfaces）的應用，以及治療科學等等領域，進行了十多項的投資。「我們不斷地問，要如何降低不確定性？如何找出一個適當的平台，作爲打造未來的基礎？」

強調要以低成本學習的這個動機，促使杜邦到世界各地尋找投資的機會。舉例來說，杜邦有一項計畫，提出利用一種名爲甲烷古生菌（methanotropes）的有機體，發展高價值的化學物質，但過程中需要大量的甲烷與發酵罐（fermenter）。杜邦找到一家挪威公司建立合作關係，該公司已有發酵罐的設備，用來處理石油製品製造過程中所產生的副產品甲烷。結合杜邦的軟體與挪威公司的硬體，使得杜邦能夠檢驗這個概念，但又不需付出金額龐大的投資。

「當技術與市場尚未完全成形時，我們使用實質選擇權的概念，幫助我們形成早期的投資架構，」瑞尼禮表示，「我們對這個時期的所知不夠，無法運用如淨現值（NPV）這類傳統的衡量方法。」實質選擇權的方法幫助杜邦降低了早期的投資金額，一旦情況明白顯示該科技行不通時，杜邦便可及時收手，避免爲此計畫投入過多的資金。

杜邦了解周邊地帶總是存在了許多未知數，因此最好的方法是將初期的投資壓低，並且盡快學習，以降低不確定性。杜邦採取這樣的作法，一方面檢驗假設，另一方面也鼓勵發現意外的看法。正如瑞尼禮所說的，「我們發現了一些預料中的事，但最有意思的發現中，有一部分卻是意外的驚喜。」經理人在執行實驗時，對這些驚奇必須有所準備，並樂於從中學習。學習的過程中可創造出意想不到的機會。

故意犯錯

大部分實驗的設計是在檢驗某一重要的假設是否爲眞，但企業有時候可能故意犯錯，目的是要進行更廣泛的探索⑩。故意犯錯的策略是要檢驗某一假設是否爲僞。例如，廣告業的敎父大衛・奧格威（David Ogilvy）曾故意在實驗中，納入他認爲注定失敗的廣告，實驗結果大部分都如他所預期，但有些時候卻出現意外的驚喜。他採取這個方法的目的，並非只在測試廣告本身，而是特別爲了檢驗他整體的架構，或是他對廣告的觀點。奧格威總是能比競爭對手早一步，發覺市場以及社會大環境的變動，原因是在他的眼中，他的策略只不過是一堆錯誤百出的假設罷了。信用卡公司現在也會例行地接受那些通常會被拒絕的消費者的信用卡申請，爲的也就是要檢驗公司的模型。

這類故意犯的錯，就長期來看將帶來莫大的好處。在貝爾電話系統（Bell System）解體之前，美國的電話公司依規定，對其涵蓋區域內的任何新用戶，都不得拒絕提供服務。全美各地，每年大約共有一千兩百萬新電話用戶，而每年電話用戶所積欠的壞帳，共計超過四億五千萬美元。爲了防範呆帳風險，也爲了預防電話設備被消費者濫用，每家貝爾系統的電話公司，依法可向一小部分的電話用戶要求收取押金。該選擇哪些用戶呢？每家業者都自行發展出複雜的統計模型，爲的就是要找出適當的對象來索取押金——也就是那些被認爲呆帳風險最大的消費者。雖然這些企業都是根據他們當時的模型，做出最理想的決定，但他們從未搞清楚，到底這些模型本身是否正確。因此他們決定故意犯一個價值好幾百萬美元的錯誤，以檢驗他們的模型。

大約有一年的時間，貝爾系統的業者在那些被認爲有高度呆帳風險的用戶中，隨機選擇了大約十萬個用戶，特意不向他們索取押金。不向這些顧客索取押金明顯是項錯誤，因爲其中有些人肯定不會繳交電話費，或者帶著電話機一走了之。貝爾系統的各家電話公司知道，這項舉動將讓他們損失好幾百萬美元的設備和電話費。但這些業者對自己所不知道的事樂意虛心學習，因此進行研究，想要知道這些高風險顧客與其他的用戶比較之下究竟如何。

出乎他們意料的，有相當多原本被認爲是「壞」顧客的用戶，實際上都準時繳清電話帳單，而「壞」顧客中，眞正破壞或偷走電話機和相關設備的人數，還不如「好」顧客多。掌握到這些新發現後，這些公司重新校正了他們的顧客信用評等模型，並且制定了比較高明的篩選策略，使他們往後的十年間，每年的盈餘都因此多出一億三千七百萬美元。這證實是一個獲利良多的錯誤。花一年的時間故意犯錯，這些公司獲得了以往所缺乏的資訊，也正是之後幾年做出明智決策時所需要的資訊⑪。基本上，這些公司是在本身知識基礎上的陰影處進行探索。

大部分實驗所要測試的是預期爲眞的特定假說，而故意犯錯的策略擺明了是要檢驗預期爲僞的假說，而當這些預期爲僞的假說出乎意料地被證明爲眞時，將全然地改變思維模式。如果我們眞的想有效地探索周邊地帶，我們必須以負向的檢驗（我們假設爲僞的事——如奧格威的失敗廣告）來平衡正向的檢驗（我們假設爲眞的事——如貝爾電話業者的例子）。企業通常知道從無心之過中可學習的寶貴教訓，但很少藉著故意犯錯來進行深入的探索。

當然，任何人都可以不斷重複搞砸事情，從屋頂上跳下來看看是否眞會受傷，但我們必須策略性地選擇我們故意要犯的錯誤。任何組織都不該總是犯錯，但刻意犯的錯誤顯然有助於我們探索周邊地帶，而我們必須區別出有關周邊地帶的錯誤想法和正確想法。藉著更廣泛地檢視各種議題，你便能擴展你的機會、探索你周遭的環境，並挑戰你既有的想法。正如愛爾蘭作家喬哀思（James Joyce）所言，錯誤是「通往發現之門」。

結論：動作快的和已死去的

要對周邊地帶的事物採取因應的行動，快速並有效地學習便相當重要。能比對手更早認清現況的組織便具有優勢，能有效地對周邊地帶的機會採取行動，對威脅及早因應。正如本章所提到的，可以下列方式改進並加速學習的過程：

- **運用情境規畫來學習**　情境不僅有助於解讀未來，也有助於探索和學習。情境能將看起來似乎是隨機雜訊的訊息，整理出一個模式。情境也能指出對哪些地方需要增加知識與了解，並且有助於探索不同的未來情境對企業的影響⑫。
- **以快速和低成本的失敗來加速學習**　實驗可能是學習周邊地帶最好的方法。實驗規模愈小愈好，才能以最小的風險學到最多的東西。具備良好的周邊視力，對能不能辨別機會來說很重要，但周邊地帶的眞正價值在於探索錯誤。
- **運用實質選擇權**　增加學習／風險比的最佳方法之一，是採用實質選擇權。實質選擇權可將小規模的投資，轉變爲絕佳的學習機會。它們能在進行重大投資之前，降低其中的不確定性。這個方法的概念是，一方面將初始的投資壓低，另一方面進行學習，並保留了潛在的優勢。

企業組織投入學習的資源，以及其行動的速度，端視其產業的特質和環境而定。例如，卡曼和殯葬同業享有比其他產業經理人更多的時間。「我們絕對是一個沉浸在傳統中、改變緩慢的產業，」卡曼表示，「這是一個世代性的變動。」儘管如此，在一個改變劇烈的大環境中，他必須迅速地探索、學習，爲可能出現的全新未來而準備；卡曼的確藉著設計實驗和選擇權，主動積極地這麼做，以求更了解這一個特殊產業環境中的周邊變化。當卡曼經過了這樣的學習，整體畫面看起來更爲清晰之後，他便可能比其他競爭對手更早做好了抓住這些機會的準備。他新成立的家庭生命中心不只是一個學習平台，也是一個成長的平台，是對周邊地帶的新訊息採取行動的第一步。針對周邊地帶的訊息採取積極的行動，本身便帶有許多挑戰，下一章將就這一點進行討論。

6

行動

有了見解該如何利用？

當不確定性非常高，
或者創造實質選擇權和進行實驗的機會有限時，
企業最好的策略可能是「等著看」。
當所有的網路公司和首度公開發行的股價行情看漲時，
投資大師華倫・巴菲特卻坐在一旁不為所動，
看起來楞楞的，但他的理由很簡單，
也具有說服力：「我不投資我不懂的東西。」
時間證明他是對的。

「寫作就像在夜霧中行車，你只能看見前照燈照得到的地方，但仍然可以就這樣地走完全程。」

——美國小說家達特羅（E. L. Doctorow）

一名照明產業資深主管的桌上有一只打開了的公事箱，裏面放的是一組扁平的白色塑膠板，他將幾個轉鈕來回調整一下，便能讓箱中發光二極體面板（LED panel）所發出的藍光，逐漸變爲近似白色的光線。但最近乎白光的狀態多少還是帶了一點藍，一般住宅建商不會拿來運用在生活空間上，但發光二極體的光線每一年都愈來愈趨近純白光，這個逐步的進展，可能是照明產業自白熾燈泡發明以來所面臨的最大威脅。白色發光二極體的潛力，讓率先發展固態光源的中村修二（Shuji Nakamura）誇下海口：「我要取代所有的傳統照明。」[1]但就在那位資深主管調整轉鈕的同時，他也不禁懷疑，中村修二的遠景多快就能實現？

發光二極體已蓄勢待發，要把價值一百五十億美元的一般照明市場徹底轉型，就像當年電晶體取代了眞空管，造成電器產品業的變革，以及光碟片改變了音樂產業一樣。固態光源是照明科技近乎一百年來眞正的創新科技。發光二極體是於一九六〇年代發明的，由於它在顏色和亮度上的最新突破，使得這一向用在計算機顯示幕和指示燈號上的技術，能擴大到更寬廣的應用上。

美國交通燈號市場被發光二極體業者所接收，是這項科技從新奇的玩意轉型成爲一項競爭勢力最戲劇化的徵兆。以發光二極體製造的紅燈，比所取代的一百五十瓦白熾燈泡的紅燈，在運作上不僅省了百分之九十的電力，並且壽命更長②。發光二極體的經濟效益非常顯著，替換的成本不到一年即可回收，而每個十字路口每年可省下超過一千美元的花費。美國聯邦法律規定，全美交通燈號必須在二〇〇六年之前，更換爲固態光源，基本上也就是將傳統燈泡一年高達十億美元的市場給關閉了。

更糟糕的是，麻省理工學院的《科技評論》在二〇〇三年的一篇文章中，將白熾燈泡列爲「最該死亡」的十項科技之一③。自愛迪生（Thomas Edison）首度看到他發明的燈絲發光發熱以來，照明產業中這項自今改良幅度最小的核心技術，突然間居然面臨了被淘汰甚至從此消失的命運。由於出現了一群使用固態光源科技的競爭者，提供了比傳統照明更多優點的產品（見短文「固態光源的優勢」），讓價值一百五十億美元的美國照明產業，走到了十字路口。對飛利浦（Philips Lighting）、奇異、歐司朗（Osram Sylvania）等等傳統業者來說，這在他們商用與家用照明的核心市場上，可能是一項攸關生死的威脅。

在這項新威脅出現之前，照明產業就已經面臨了重大的挑戰，這可能分散了經理人的注意力，因此沒能密切注意發光二極體的發展。在二〇〇〇年至二〇〇三年間，白熾燈泡的平均售價下滑了大約百分之十④。同一期間，由於燈泡商品化以及激烈的價格競爭，使得美國

固態光源的優勢

固態光源的優點很多。發光二極體基本上是比傳統光源更能有效地將電能轉爲光能的一種半導體。除了降低能源消耗外，固態光源的電壓低，使用上較爲安全，並能輕易以太陽能或電池供電。因爲沒有了會斷裂的燈絲，固態光源較傳統照明經久耐用，維修成本也低。此外，傳統照明只能開啓、關閉、調整亮度，但發光二極體的功能更多，它可以改變顏色，或以軟體控制閃爍。傳統照明的燈具是不變的，只有燈泡可以汰換。但固態光源的技術，可以與各種產品整合，將光源內建於產品之中。傳統的技術在過去兩百年中的確有所進步，包括日光燈的出現以及高強度放電照明（high-intensity discharge lighting），但其能源運用效率最高似乎也少於百分之二十五。相反的，以紅外線的固態光源裝置來說，其能源轉換的效率已高於百分之五十，研究人員預期，白光發光二極體也將出現類似的突破。如果能達成這樣的水準，科學家相信，固態光源將能提供每瓦特一百五十到兩百流明的發光效率，是日光燈發光效率的兩倍，且比白熾燈的發光效率高了十倍＊。這將造成照明產業從根本上的轉型。

＊ lighting.sandia.gov/Xlightingoverview.htm.

消費性與專業性燈泡市場一共喪失了五億美元的市場價值，由原本的二十九億美元縮減爲二十四億美元，以致業者不得不專注於低成本的商品競爭。也就是說，當固態光源的技術不斷快速進步的同時，還有其他的領域需要這些業者高度的關注。

如今，照明業界的主管已經體認到來自周邊地帶的威脅（其實已愈來愈不再算是邊陲），他們該如何因應？「行動」與前一章所討論的「探索和學習」的過程是一體的，但探索的焦點主要在**學習**，而行動的焦點則在充分**利用**周邊地帶的機會，或者**避免**來自周邊地帶的威脅。

在不確定下行動的策略

行動上的困難是，仍存在了許多不確定性和模糊的空間。這個科技將多快出現？市場採用的速度有多快？過程中將有什麼轉折？雖然所要面對的挑戰已經很明確，並且固態光源長期看來將是勝利者，但照明業在短期間還是得獲利才行。如果採用新技術的速度比預期緩慢，業者可能覺得自己就像童話中的傑克一樣，把還能生產牛奶的母牛，拿去換了不確定是否眞有魔力的豌豆。然而，如果業者的行動太慢，如中村修二這樣的先驅者，早已做好搶攻市場的準備。

當企業看到了一項機會，通常必須快速行動以便實現利潤（見短文「開了竅的蘋果電腦」）。企業也許沒有足夠的時間，大舉進行我們在前一章所討論的探索和學習，但仍可小規

開了竅的蘋果電腦

有時候，企業並沒有多少時間可以探索學習，因此必須從別人的實驗中吸取經驗。蘋果電腦就是因爲注意到 Napster 與其他檔案分享服務（file-sharing service）的試驗，並且從中學習，又併購了幾家與此相關的公司，迅速取得所需的知識，最後推出了 iPod。儘管如此，史帝夫‧賈伯斯（Steve Jobs）原本幾乎錯過了這項革命。他是近代觀察最敏銳的科技領袖之一，曾最早發覺滑鼠和圖像式使用者介面這兩項功能的潛力，因此造就了麥金塔電腦系列，他也看出了電腦動畫的遠景，催生出皮克斯動畫工作室（Pixar）。但是就在二〇〇〇年的夏天，賈伯斯正專心於改進 Mac 電腦在影片編輯上的功能，幾乎沒有發現數位世界中正進行著一項音樂革命。「我覺得自己像個傻瓜，」他之後在一篇《財星》（*Fortune*）雜誌的專訪中承認，「我以爲我們錯過了時機，必須加倍努力才能迎頭趕上。」*

當賈伯斯體認到這個變化時，蘋果迅速採取行動，馬上在所有 Mac 電腦上加裝燒錄機。然後賈伯斯買下了一家由一位蘋果電腦的前工程師所經營的小公司 SoundStep，以便在軟體發展上快速起步。蘋果電腦在四個月內，打造出它最早版本的 iTunes 音樂檔案管理軟體，九個月後，又生產了第一代的 iPod 音樂播放器。不過有了 iPod，還需要有數位內容，因此蘋果電腦便與主要音樂錄製公司擬妥協議，共同發展銷售歌曲的平台。

賈伯斯很幸運，音樂產業當時忙著與Napster和消費者打官司，讓賈伯斯有了比預期更多的時間。當蘋果的iTunes線上音樂店（iTunes Music Store）於二〇〇三年四月開張時，目標是要在六個月中銷售出一百萬首歌曲，但它在六天之內便達到了這個目標。二〇〇五年初，在激烈的市場競爭下，iTunes仍掌控了所有合法數位音樂下載市場的百分之六十二，而iPod則取得了半數以上的MP3播放機的市場。

* Brent Schendler, "How Big Can Apple Get?" *Fortune*, February 21, 2005, 38-45.

模地推出新產品，藉此爲未來的發展建立平台。企業也可與其他業者合作，在快速行動的同時，彼此分擔風險，或者擴大企業對市場競爭的監控，以便採取更廣泛的行動。

小規模地推出產品

大量推出小型計畫有助於創造機會並同時降低風險。正如前一章所指出的，可利用這些實驗來進行探索和學習，而當這些實驗成功時，也就創造了行動的平台。例如，飛利浦推出了幾項計畫，藉以增加公司本身在固態光源照明等等新興科技上的經驗，包括推出發光二極體光燭，以及爲醫院打造出環繞照明系統。「我們採用了『一邊推出產品，一邊學習』的策略，以便深入了解固態光源照明，並且嘗試新的商業模式，」飛利浦照明的副總經理果威・羅歐（Govi Rao）表示⑤。「這些實驗讓我們觀察到許多因素的變化，例如新舊產品在通路上的衝突，或在市場上自我蠶食的作用，這是照明同業經常忽視的部分。藉由推動先遣計畫，我們便能將風險降至最低，就算出了錯，也能把錯誤侷限在最小的範圍內，並且快速地從錯誤中學習。」飛利浦推出了各種產品，以便對固態光源這個新領域的各種面向進行試驗——例如，將固態光源的解決方案，加以應用在傳統照明技術的改良上（新燈泡，舊燈座），以及利用環繞照明光板（ambient lighting panel），將固態光源的技術，運用在完全不同的照明模式上。

第一個例子是指飛利浦推出了Aurelle燭形發光二極體（Aurelle LED），所提供的光線類似傳統蠟燭，但沒有蠟燭火焰所造成的風險和不便。「Aurelle燭形ＬＥＤ並不是我們慣用的典型照明產品，它挑戰了我們所有的照明系統和我們的想法——從設計和產品發展，再到通路和行銷等層面，」羅歐表示。「隨著這項產品迅速受到歡迎，我們也必須大幅調整作業的方式，並且行動的速度必須比預期的更快。」這是在眞實的市場上推出的一項眞實的產品，一旦銷售起飛，便不再只是一項實驗，而是一門有利可圖的生意；但如果這項產品失敗了，對公司造成的風險卻很小。由於並不確定哪項行動將產生回收，企業的目標通常是投資許多小規模的實驗，之後再針對成功的產品提供更進一步的支援。

各種實驗中，有些不會立即出現成果。例如，飛利浦在一家都會醫院裝設了新式的照明環境，對固態光源的應用，進行了非常廣泛的探索。這項計畫不僅評估了將現有燈座上的燈泡全部汰換的機會，也探索了改變整體照明設備和既有模式的可能性。「照明業目前的價值鏈，是以設置燈座和塡滿燈座爲主軸，」羅歐提到，「而固態光源將徹底改變這個典範。不需要燈座也能提供照明。」

飛利浦爲了探索無燈座的世界，在芝加哥的路德總醫院（Lutheran General Hospital）以環繞照明進行了一項實驗，整合了環繞照明科技、投影和發光二極體照明板，爲小兒心臟科設計、打造出新的照明系統。病童可以在四種主題燈中選擇一種：水族世界、太空歷險、飛行體驗，或預設的熔岩奇景。這些選項被記錄在無線射頻身分辨識卡（RFID card）上，由病童隨身攜帶，當他們進入房間時，照明效果也隨之改變。環繞照明系統提升了醫療環境與流程。譬如說，如果在一項診療過程中，病童必須屏住呼吸，水族世界的照明主題中，可能就有一隻水獺做出屏息的示範。

上述兩項實驗不僅測試了科技，也測試新的商業模式、價值鏈，以及市場反應。這全都有助於顯示這塊新市場空間的潛力。「我們是從做中學，並且以我們的所學爲基礎，創造了策略性的實質選擇權，」羅歐說，「這類實驗是否有價值，端視我們在挑戰目前經營典範上的能力，這正是我們藉這兩項實驗所完成的任務。我希望推出至少六項這類的實驗，盡快根據我們所學到的採取行動。」

剛開始的實驗，通常是在發光二極體的優點大於侷限的市場中所進行的。當碰到替換燈泡有困難的狀況時，壽命長的固態光源照明——大約比六十瓦燈泡的使用壽命長五十倍——自然比傳統照明佔優勢。例如，歐司朗公司正在發展具有彈性、包覆著黏性膠帶的長條形發光二極體，可用在建築物外牆或游泳池中——要在這類地點換燈泡很困難，也可能很費時⑥。

與他人合作

探索發光二極體的周邊地帶，是照明產業明確的目標，其結果將對產業造成全面性的影響，因此，與其他公司合作進行研究，似乎是最有利的方式，不僅能增加資源，也能降低風險。於是照明產業中的業者，攜手成立了一項名為「光中之橋」（Bridges in Light）的計畫，而在二〇〇三年，照明業相關人士齊聚一堂，共同為該產業擘畫未來。產業領袖們打造了一個平台，以推動照明業的轉型，並藉此為產業發展出各式各樣的未來情境。這項計畫至今仍持續進行，目前的運作是由全國電子製造商協會（National Electrical Manufacturers Association, NEMA）贊助、協調，且定位為針對照明產業的行銷計畫。

業者可經由策略聯盟，在有關半導體製造模式、創新速度、進入全球市場、保護智慧財產權等等議題上，獲得相關的能力。固態光源照明技術正需要這些不同的能力，因此許多業者也的確形成了策略聯盟。倫明磊照明公司（Lumileds）原本是由飛利浦與安捷倫科技（Agilent Technologies）於二〇〇〇年合作設立的，目的在設計並製造發光二極體。GELcore是奇異與半導體公司Emcore所成立的合資公司，也是以製造發光二極體爲宗旨。這類的夥伴關係提供業者一個平台，使他們能根據該科技的發展採取行動，並且在該項技術的重要性逐漸升高之際，及早積極參與技術的發展。

更廣泛地採取行動

企業必須擴張行動的領域，涵蓋更廣泛的周邊地帶。以照明業爲例，業者便從更廣泛的角度看待整個價值鏈，以便發展適當的行動策略。圖六・一顯示的是傳統的價值鏈，照明業者所經營的，基本上不過是規格化商品的生意，由於最終消費者注重的是價格，因此企業的仗愈來愈難打。照明業者企圖影響代工工廠、規格設定者／設計師，以及承包建商，因爲這些才是幫最終消費者選擇照明設備的人。激烈的價格戰爭、爭取上架空間、博得設計師和規格指定者的青睞，這種種挑戰讓照明業者必須注意的事不計其數。但這個狹隘的視野卻模糊了整體畫面中重要的部分。企業要問的問題應該是：在這個典型的價值鏈之外，還存在著哪些重要的力量和因素？這些因素和力量可能會以什麼方式改變我們的產業？

圖六・一：對照明產業狹隘的理解

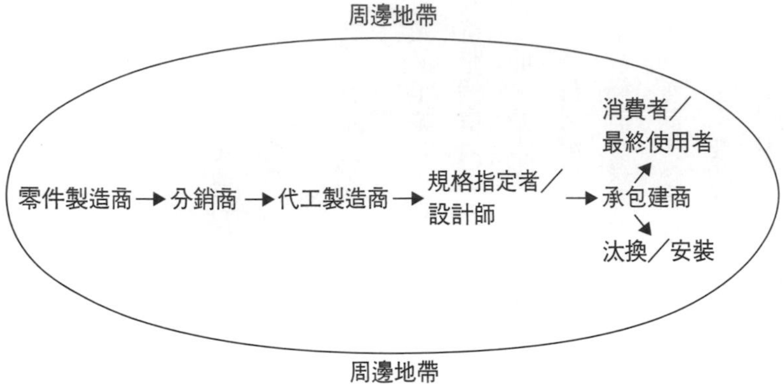

圖六・二：照明產業廣義的生態體系

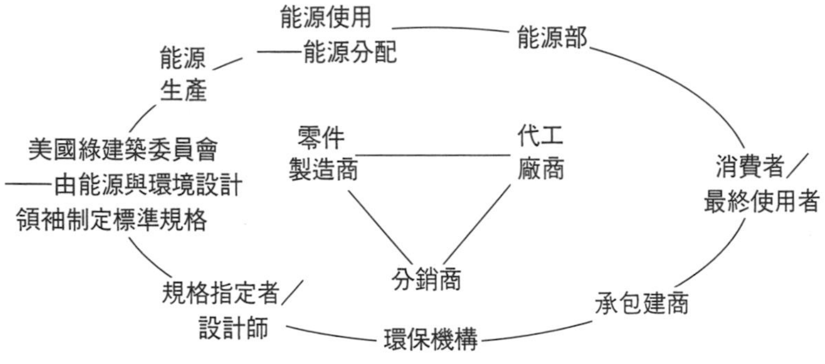

圖六・二顯示了照明產業廣義的生態體系，而這樣的生態可能加速固態光源照明的出現，也可能減緩它的發展。例如，影響固態光源擴散的因素，包括科技、消費者需求和購買行爲的改變，也許還包括了法令規定。這項新科技的發展也可能受許多其他考量的影響，包括健康、安全、能源（電力負荷管理與電力需求回應）、交通、協力研究、美學、永續發展，和無光害環保等等議題。經理人應該審視這些領域，並視需要採取行動。以下就幾個例子來思考：

- **科技發展**　照明產業需要針對科技的改變進行評估，尤其是有關產生優質白光和降低成本方面的創新。預估固態光源從二〇〇〇年至二〇二〇年的價格，範圍從每一千流明最高十四美元，到最低五十美分不等，而對發光效率的預測，則是白熾燈泡照明的四到八倍不等⑦。這個範圍非常寬，也就表示，這項新科技所能取代目前白熾燈泡和日光燈管的市場比例，可能落於百分之十到百分之九十之間。當然，這樣的周邊地帶非常模糊，因此照明業者必須對科技的發展或研究進行投資，特別是有關降低成本或增加效能的研發。
- **交易心態與最終使用者心態的改變**　儘管科技本身能影響人們對該科技的接納度，但承包建商和最終使用者採用這項新科技的意願，將決定固態光源照明在市場上擴張的速度。若以流明小時爲單位（lumen-hour）來計算對照明的需求，每年燈泡的汰換或新燈具的安裝，大約佔此照明總需求的三分之一，這也就是新照明科技市場滲透率的最高上限。經理人必須發展一套策略，加強與承包建商和最終使用者的溝通，此外，設計師與規格指定者等等中介者的出現，將影響選用照明設備的決定，因此經理人也必須加以正視。這些都需要更廣泛的市場策略和通路策略，以及擴大的行動。

• 遊說與公共事務 大眾對於環保和能源消耗的態度，也將對此產業造成極大的影響。這些態度將反映到市場對科技的觀感，以及政府制定的法規上。這類法規的影響，從交通燈號採用發光二極體這件事情上就可以看出。根據美國能源部的預測，若普遍採用固態光源照明，可節省全球百分之五十以上的照明用電量，使整體電力的消耗減少百分之十。大眾對有關能源消耗、二氧化碳排放、汞污染和其他環保議題愈來愈關心，可加速固態光源的採用。經理人必須主動與政府和媒體交涉，以遊說、影響公共事務和其他策略，來形塑政策的方向，確保政策不會損害業者的競爭性地位，並維繫產業長期健全的發展。

• 爲意外做好準備 另一項出現在周邊地帶可能影響固態光源發展的議題，是有關照明與健康之間的關聯。有關新生兒的研究顯示，早產兒對發光二極體所營造的特殊照明環境反應較佳。此外，照明也已被用來治療季節性憂鬱症——這項違常是因日照隨季節改變，造成患者情緒起伏。在另一方面，照明也可能對健康產生負面的影響。例如，研究人員已進行研究，想了解晚間暴露在照明下，與乳癌和直腸癌的增加，兩者之間可能有些什麼關聯，但到目前爲止，這似乎只是特例而非普遍的情況[8]。此外，隨著對都會地區光害的憂心逐漸升高，也出現了無光害運動（the dark-sky movement），企圖改變公共與私人照明的使用，以呈現更黑暗更自然的天空。經理人必須小心監控這些議題，並對各種出其不意的發展做好準備，包括照明在醫療應用上的突破，或是能將產業推向寒冬的負面研究。首先可採取的行動，包括研究這些議題、與衛生保健工作者建立關係，以及在無光害議題的辯論上發揮影響力。

照明業者的策略必須從競爭者、顧客與環境的角度，進行廣泛的考量，並且注意成本與效益，採取均衡的行動。對已知領域進行投資時所抱持的傳統心態，以及運用在未知領域上的實質選擇權法，兩者之間要如何平衡，更是企業的一項挑戰。

先發優勢的侷限

主張大膽採取快速行動的人最常提出的論點之一，是這樣做可取得先發優勢（first-mover advantage）。新興的財源中似乎有一大部分，將由首先採取行動的人取得。許多經理人可能只想要奪金牌，看不上銀牌或銅牌。他們深信，利潤是被那些積極搜尋早期訊號的企業所獲得，這些企業早在競爭對手之前，就先看到威脅或機會，並且毫不猶豫地採取行動。理論上，首先行動的企業能塑造遊戲的規則、比動作慢的對手先馳得點、佔據最好的市場地位和通路，並理所當然地取得消費者心目中的領導地位。

然而，以實證的證據解釋先發者的優勢，眞相就顯得較爲複雜。利益只會由碩果僅存的先發者獲得，而就算如此，首先行動也不一定就能獲得優勢，首先行動只不過是提供了一個機會而已⑨。企業投注長期的資源需要決心與勇氣，必須看清大眾市場的機會，並且在確保優勢之前，不屈不撓地創新才行。但眞正的先發者中，倖存下來並能領導市場的少之又少，長期下的好處，大部分是被基礎穩固、行動快速的追隨者給拿去了。舉例來說，金百利(Kimberly-Clark) 或寶鹼兩家公司都不是免洗尿布市場的先驅者，但他們很快地進入市場並主宰了市場。奇異並非創立電腦斷層掃瞄器市場的公司，但它卻從中擷取了利益。

要做一名敏捷的追隨者，需要具備非常好的周邊視力。新市場成立的過程中，企業最需注意的核心事件，是領導設計的出現，也就是說，市場上出現了產品特色和功能的標準，而這個標準也取得了早期買家的支持。這個標準提供了一個平台，從此便出現了基本上是相同的、但式樣繁多的產品款式。一旦買家、供應商、競爭者都採用了同一種設計以後，市場最大的不確定性便消失了。動作快的追隨者通常等到一個主導性的設計浮上檯面以後，便迅速進入市場，參與市場的發展⑩。這表示他們準備好採取行動的速度，必須與任何先發者一樣快才行——所需的準備包括掌握所需要的科技、備妥產品設計，以及擬定行銷與製造的計畫。通常，領導性設計出現時會突然出現一個轉折點，企業若尚未做好行動的準備，通常將錯過機會的窗口，並且被市場放逐，成爲落後的追隨者（要克服起步太晚的缺憾，有一種又昂貴、風險又高的作法，就是併購一家前景看好的先驅者，砸下重金大量投資）。

因此，快速追隨最重要的一點就是時機。當出現以下所列的指標時，企業就必須快速跟進（這裡根據的是康斯提諾斯・馬凱斯〔Constantinos Markides〕與保羅・哲羅斯基〔Paul Geroski〕的建議）：

- **科技創新的速度與商業模式創新的速度減緩**　後續產品發展所提供的產品款式愈來愈類似。
- **主流市場的態勢愈趨穩固**　市場實際上已「跨越鴻溝」，從早期產品銷售的對象限於少數熱中於新產品的消費者，其對產品的許多缺陷多抱持容忍的態度，到後來產品必須以絕大多數的消費者作爲訴求的對象⑪。
- **出現互補產品的製造商**　企業可經由這些互補產品製造商，取得包括市場通路等等重要的資源，而這些廠商對市場前景通常有清楚的了解⑫。

作為一名迅速的追隨者，也讓企業有更多的時間來探索與學習。成功的追隨者必須仔細觀察周邊地帶，並且小心監控領導設計這個領先指標的出現。他們必須亦步亦趨地向市場先驅者學習，儘管行動的速度比較慢。由於迅速的追隨者將投資與行動延後，他們對不確定的未來便累積了更多的了解，也因此降低了其中的風險。

知道什麼時候該學習，什麼時候該放手一搏

當不確定性非常高，或者創造實質選擇權和進行實驗的機會有限時，企業最好的策略可能是「等著看」。當所有的網路公司和首度公開發行的股價行情看漲時，投資大師華倫・巴菲特（Warren Buffet）卻坐在一旁不為所動，看起來愣愣的，但他的理由很簡單，也具有說服力：「我不投資我不懂的東西。」時間證明他是對的。

追根究柢，這個策略與其他策略的智慧，仰賴的就是風險報酬的計算。經理人要如何決定，回應一項訊息積極的程度呢？影響決定的因素很多：

- **有彈性的實質選擇權是否可得**　要創造並執行策略性選擇權，需要適合的機會。有些產業與環境中，出現了無數運用選擇權的機會，但有些環境的機會則比較少。如果可以使用選擇權，周邊地帶就能變得比較清晰可見，將可大大地降低行動和學習的成本。

但有些例子只提供了兩種選項，要不就照單全收，要不就完全不採行。有時候，組織可以創造新的架構和計畫，擴充選擇的機會，中情局設立的創投基金 In-Q-Tel 就是一例。

• **訊息的模糊程度** 不確定性相對於已知知識的比例，是決定對一項訊息是否採取行動的關鍵因素。不確定性愈高，進行更多學習以降低不確定性的需要就愈高。當不確定性因探索和學習而降低時，採取行動的理由可能就愈來愈充分。

• **成本與行動是否可逆** 行動的絕對成本也會影響選擇。如果一特定策略行動的成本相對較低，要在渾沌不明的環境中採取行動就比較容易。如果成本比可能的回收相對高出許多，則就需要更謹慎小心。成本中一項重要的元素，是改弦易轍的難易程度。如果改變初衷的代價很高，大部分的開銷就會變成沉沒成本（sunk cost）。

• **學習的機會** 某些環境提供了較少的學習機會，此時不論再怎麼投入資金進行探索和學習，可能也只是延遲了總得做出的困難決定。經理人必須清楚知道，他們想從實驗中學到些什麼，以及這些實驗最後是否真的可行。當他們無法更進一步降低模糊的狀況時，他們便得選擇，要不就是採取行動，要不就是及早抽身。

• **文風不動的風險** 如果不行動便會附帶著高度的風險——例如，當競爭者已準備好要對相同的機會出手時——可能就不得不採取大膽的策略，尤其是，如果存在著先發的優勢，則更必須採取行動。必須嚴肅評估不行動的風險，因為現狀很少是持續不變的。

•潛在的利益

成本很重要，利益也一樣很重要。及早行動和搶先對手一步有什麼潛在的利益？訂定標準或鎖定夥伴是否很重要？是否存在滾雪球效應或引爆趨勢的動能？有許多概念性的架構，有助於評估先發者或較早行動者的利益（和成本）⑬。一個簡單的架構是找出「無人競爭的一天」的市場價值——是指如果企業擁有整個市場一天，其營收所得的金額——再將這個數字乘以市場出現重量級對手之前的天數。這是一個粗略的估算，但提供了潛在利益的等級性評估（order-of-magnitude assessment）。

不過，採取大膽的方式之前，你應該謹慎地自問，是否有比較不那麼戲劇化的選擇，或可降低風險，或能得到更好的成功機會。是否可以創造出實質選擇權？你是否已檢驗了重要的假設？情境分析是否可以導出其他的選擇？將你所有的雞蛋放在同一個籃子裏有哪些風險？訊息是否清晰，或者這些訊息是否代表了其他的意義？從其他公司已進行的實驗中可以學到些什麼？如果經過這番檢驗之後，結論仍然是要你採取行動，那麼你有時就是得放手一搏。

霧中行車

依據周邊視力行動常常有如達特羅所描繪的在霧中行車一般，經理人必須一步一步地前進，雖然他們需要有長期的遠景，但他們也必須體認到，絕大部分的景象仍是模糊不清的。當他們在路上每前進一哩，情況便愈趨明朗，每一步行動也將引領下一步的行動。

當環境變得愈來愈清晰以後，企業便能更有信心地進行投資，行動也能比較果斷。在達到這個境界之前，企業的焦點應該是降低不確定性和保留選擇的機會。企業的目標是要掃視周邊地帶，並採取一連串小規模的行動，以便找出忽略掉的細節，用來填補模糊、色彩不分明、形象不清晰的訊息；引用飛利浦照明的果威・羅歐的話，也就是「一邊推出產品、一邊學習」。正如傳統照明產業所發現的，隧道底的亮光，可能是通往新市場的入口，也可能是迎面而來的火車——或者兩者皆是。企業一旦採取行動，便開始在環境中加入自己的訊息，並且以獨特的方式羅織出環繞在周圍的景致。

要成功穿越周邊地帶的濃霧，需要適當的車子。企業組織可以打造相關的能力，以協助、支援周邊視力的運作。下一章將思考有哪些因素，能在濃霧密布的周邊地帶為企業導航。

7

組織

如何培養警覺性？

周邊視力的五項要件：

一、警覺性高的領導力，

鼓勵企業關注周邊地帶。

二、以探究的態度發展策略。

二、充滿好奇具有彈性的企業文化，

獎勵對邊緣的探索。

四、具有偵測和分享微弱訊息的知識系統。

五、發展組織的架構與程序，

引發對周邊地帶的探索。

「要看到視線所不及的事物，非常困難。」

——邱吉爾

美泰兒（Mattel）玩具公司的芭比娃娃當初看來勢不可擋，自從一九五九年推出，四十多年來不斷換裝、推陳出新——有醫師、太空人甚至總統候選人的造型——售出的芭比娃娃超過十億個，創造了世界上最有價值的玩具品牌。但歲月不饒人——倒不是芭比自己的年紀，而是她的小顧客年齡層的壓縮。小女孩們愈來愈早熟，年紀還小就對芭比娃娃失去了興趣。而人形玩偶這個產業又受到先進的電腦、電視遊戲更進一步的擠壓，佔去了這些忙碌的小女孩們大半的時間。芭比娃娃的核心市場，因此從原本的三到十一歲的年齡層，壓縮到三至五歲。這個從邊陲開始的改變，對美泰兒公司造成了重大的挑戰，對競爭對手也形成了極具吸引力的機會，如圖七・一所示。

二〇〇一年MGA娛樂公司（MGA Entertainment Company）抓住了這個機會，推出了嘻哈造型的貝茲娃娃產品系列，其目標客群是年紀較長、已從芭比轉移興趣的早熟女孩（見短文「娃娃谷中的戰爭」）。在這些女孩眼中，貝茲娃娃就像是她們已進入青春期的姊姊，也像是她們所崇拜的偶像明星。在三年之內，MGA已銷售了超過八千萬個貝茲娃娃，而貝茲娃娃對七到十四歲的小女孩來說，已成了主要的風格品牌①。二〇〇四年，貝茲的銷售攀升到

圖七・一：芭比娃娃核心市場的壓縮

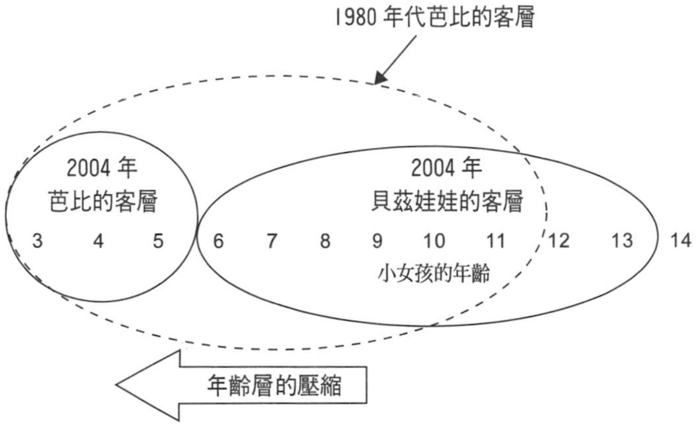

七億美元，而芭比的銷售卻凍結在十五億美元左右，美泰兒公司在時尚人偶的市場佔有率，從二〇〇一年到二〇〇四年間，縮小了百分之二十②。除了在美國市場上侵蝕了芭比的市場外，貝茲在英國的市場佔有率也提升了，截至二〇〇四年，便掌握了時尚人偶市場的百分之三十③。

時尚人偶市場受到侵蝕，這對美泰兒公司來說，早已不只是周邊地帶的隱憂，因爲該公司的營業利潤中，有百分之三十到四十的比例，靠的是芭比的銷售④。因此美泰兒公司積極地採取了行動，企圖挽救芭比的頹勢。在貝茲娃娃上市整整十四個月之後，美泰兒推出了芭比的延伸品牌「我的主張」（My Scene），目標客群是較大的女孩，並且模仿貝茲，另外推出了名爲法拉娃（Flavas）街舞造型的玩偶，直

娃娃谷中的戰爭

是什麼因素讓貝茲娃娃如此成功？有部分原因是她們看起來像小女孩所崇拜的街頭青少女，因此滿足了小女孩對成長的渴望。有著馬車和童話故事打扮的芭比，能與童年的幻想產生共鳴，受到三至五歲的小女孩歡迎；而貝茲是一個噘嘴的青少女，一副表現自我的態度（見附圖）。貝茲的創造者、MGA的創辦人與執行長伊薩克・拉利安（Isaac Larian）認爲，稚齡的小女孩將芭比當作一種母親的形象，但在成長的過程中，會以較大的女孩當作榜樣＊。芭比的外型是一種主流的印象，而貝茲的外型則屬於多元文化，並且講究流行與彩妝。

＊ "The Queen Is Dead," *The Guardian*, October 6, 2004, http://shopping.guardian-co.uk/toys/story/0,1587,1320801,00.html.

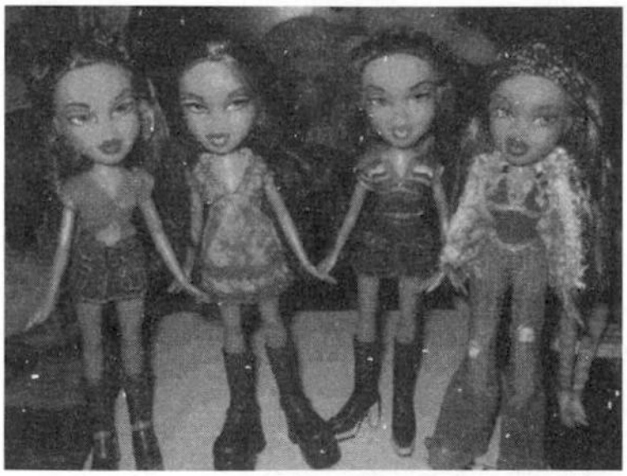

接向貝茲挑戰。羅伯特・庫柏（Robert Cooper）的研究指出，這種模仿他人的品牌通常只有百分之二十八的成功率，而獨特、優越的產品，則有百分之八十二的成功率⑤（請注意，研究中所指的這類姍姍來遲又沒有創意的模仿，與本書前一章所討論的快速的追隨者並不相同）。美泰兒推出法拉娃品牌之後，成績不如預期，最後於二〇〇四年停產⑥。芭比在短短幾年間，就丟掉了她五分之一的版圖，而美泰兒的各項行動似乎都無濟於事。

健全的周邊視力並不是在前幾章所討論的能力上——界定範圍、掃瞄、解讀、探索、行動——偶爾出現傑出的表現，就能輕易達到的。最重要的，它是企業能發展、強化出來的能力。是什麼組織上的弱點，讓美泰兒公司沒能體認到市場環境中的改變並加以因應呢？組織在打造其周邊視力時，最重要的能力是哪些？是什麼因素，使得具有這些能力的組織（警覺性高的組織）有別於其他不具這些能力的組織（脆弱的組織）？

周邊視力的五項要件

我們的研究找出了周邊視力的五項要件。組織若想保持察覺周邊地帶變化的能力，這些要件就特別重要：

一、警覺性高的領導力，鼓勵企業關注周邊地帶。

二、以探究的態度發展策略。

三、充滿好奇、具有彈性的企業文化，獎勵對邊緣的探索。

四、具有偵測和分享微弱訊息的知識系統。

五、發展組織的架構與程序，引發對周邊地帶的探索。

我們對資深經理人進行問卷調查後發現，領導力是最重要的因素，其次是誘因動機，以及鼓勵分享資訊並對周邊地帶感興趣的企業架構（見附錄A）。如果領導人對於企業領域以外的世界，抱持的是侷限、短視的態度，且組織中沒有多少人關心邊陲的事物，其周邊視力將不如那些主動、好奇、並有系統地進行掃瞄和探索的組織。

企業組織在周邊視覺上的能力，與它**如何**感應和行動有關，而與組織做了**什麼**較無關，因此，這些能力被視爲是組織的「抽象能力」，貫穿組織所有的營運能力⑦。內部生產、顧客服務或聯盟管理（alliance management）等等領域，是以營運能力爲重，而這些能力不似周邊視覺的能力那般廣泛。企業被日常的業務需求所環繞，抽象能力可能會被忽視或開發不足。許多周邊視力不佳的企業，在短期間可能還能生存，但會變得愈來愈脆弱，並且可能因周邊地帶出乎意料的發展，而使得其市場地位受到侵蝕。企業在短期間不需要具備周邊視力，也能應付切身環境的需求，因此領導人的角色便必須具有矯正的功能。經理人與領導人在企業中，必須刻意地發展並鼓勵這些重要的能力。

在以下的討論中，將一一考慮這五項要件，它們與美泰兒的故事有什麼關聯，以及如何進一步鍛鍊這些組織上的抽象能力。

警覺性高的領導力，鼓勵企業關注周邊地帶

周邊視力極佳的領導者，能將整個組織帶向新的方向。例如有線電視公司康卡斯特（Comcast）的布萊恩・羅伯茲（Brian Roberts），不僅把公司搬到了較不受限的地區，也將業務的焦點轉移到播放內容上。羅伯茲在地域上的擴張，包括併購AT&T的有線電視部門，將公司打造成美國最大的有線電視業者。數位化的環境中，爭取頻道的競爭激烈，該公司轉移到了一開始被認爲是周邊地帶的領域。康卡斯特爭取迪士尼公司（Walt Disney Company）的電影、體育和其他節目失敗之後，與新力公司聯合購得了米高梅（Metro-Goldwyn-Mayer）龐大的電影資料庫。二〇〇四年康卡斯特花了超過四十五億美金購買播放內容，以支援它提供觀眾選播功能的策略。康卡斯特在業務焦點上的變動——使消費者每個月都能選看幾百部的電影——用意是想讓康卡斯特有別於衛星電視和其他競爭者，不參與它們爭奪家庭數位管道主導權的戰爭[8]。策略性地修正市場定位時所需要的領導者，必須有意願且有能力超越目前有線電視業務，將視線拉向更邊陲的領域。

一位擁有二十五年成功記錄、精明能幹的投資經理，回想起他是如何選出少數幾家公司作爲他投資的標的。他的結論與我們自己的研究發現相同——領導者是企業的基石。「所有的事都是始於執行長。我見過許多執行長，而其中最優秀的，對周邊地帶都有高度的敏感，以至於他們的組織能較早、較清楚地看出各種可能性……密切專注於既有營運狀況的主管是很好的營運長（COO），但那些執行長才是能帶領企業長期發展的領導者。」

他提到，他曾共事過的最好的資深主管，在概念性的思考上都具有很強的能力，能看出他們所處的大環境中的新模式。他舉了一位執行長的例子，當中國取得奧運主辦權的消息公布後，那位執行長迫使其企業徹底思考中國主辦奧運將產生的影響：「他想知道的，不只是營建產品需求增加，這顯然將是最早出現的第一波影響，他特別想知道的，是當價格上升後，出現在替代產品上的第二波影響。」

這位投資經理人進一步思考後理解到，成功的執行長都是聰明又有自信，他們毫不遲疑地將自己置身於有能力的人群之中。他們鼓勵激烈的辯論和對話，因爲他們不會假裝自己知道所有的答案。他們具有吸取大量資訊和處理不確定性的能力，正好與他們的傾聽技巧相輔相成。這位經理人觀察的總結是：「如果你只跟隨傳統的想法和直接的推論，你只不過是芸芸眾生中的一分子——成功來自更具想像力的思考。」這位經理人長期以投資判斷創造財富的成功記錄，以及他對有實力的執行長經驗老到的看法，與我們的研究結論互相呼應。

相反的，美泰兒公司的領導人在貝茲入侵市場之前，曾經歷一次內部的危機，從此便窄化了公司的焦點。一九九九年美泰兒買下了一家名爲「學習公司」（The Learn ng Company）的教育軟體公司，而該年便成爲美泰兒災難性的一年，此舉不僅花費了三十八億美元的成本，也造成美泰兒十年多以來首度的虧損，之後於二〇〇〇年五月，美泰兒由卡夫食品公司（Kraft）找來了羅伯・艾克特（Robert Eckert）擔任執行長，寄望他能扭轉局勢。他專心致力於多項新計畫，意圖「把穩定與可預測性帶進公司」⑨。

這類的危機多半使得注意的焦點更集中，縮小了周邊的視野範圍，並創造了只重短期表現（表現型組織）而不重長期和廣泛探索（學習型組織）的企業文化。美泰兒削減成本後，邊際利潤率是提高了，但其美國市場的銷售毛額卻於二〇〇三年下滑了百分之十一，單單芭比在美國的銷售額便減少了百分之十五⑩。該公司的業務在一個範圍縮小的市場上，看似愈來愈有效率。但如果原本設定的是一個比較寬廣的市場範圍，且競爭分析的項目不只限於玩具，也包括遊戲卡帶、音樂、電影和其他形式的娛樂，那麼美泰兒公司也許就能及早發覺市場中的改變。

任何組織如果想改善周邊視力，都需要領導者適當的指導和支持。周邊地帶幾乎沒有勝利者，它本質上就是一個渾沌不明的高風險地區，很少有士兵會到那裏巡邏。除非資深長官明白地認可並獎勵這類的行動。領導力的條件說穿了就是必須具有遠見、超越部門派系的考量、有勇氣冒著可能丟掉主管職位的風險。很少有經理人具備足夠的安全感，能夠採取這樣的態度。

組織高層是否具有健全的周邊視力非常重要，但組織中其他每一層級也需要領導力。雖然我們多半認爲領導力的方向是由上往下，麥克・尤辛（Michael Useem）等人卻也強調由下往上「領導」的重要性⑪。這樣的領導力在處理邊緣地帶的事物時特別重要，因爲組織中最基層的員工可能擁有最具原創性的觀點，或是對周邊地帶的改變有著最深入的見解，他們也許離消費者或競爭者比較近，也可能較能領略到通路混合的改變。必須仔細聆聽他們的看法，才能讓組織受惠。有效率的領導者必須願意帶領組織走向新的方向，也必須謙遜地傾聽來自周邊地帶具有挑戰性的看法。詹姆士・柯林斯（James Collins）在其《從A到A^{+}》（*Good to Great*）一書中，將決心與謙遜這個看似矛盾的結合，稱之爲「第五級領導」（level 5 leadership）⑫。

以探究的態度發展策略

領導者的周邊視力之後，企業養成周邊視覺能力的第二項要件，是以好奇探究的態度，進行策略性的思考和計畫。周邊視力強的組織多半有著較爲彈性的策略程序、眼光放得比較遠、能結合多方的貢獻，並且懂得運用情境分析法、實質選擇權的思維，和動態監控等等的工具。

大部分組織以預算爲依歸，以致規畫僵固而沒有彈性，經理人只專注短期與目前的市場和業務；相反的，能強化周邊視力的規畫應是彈性的、以議題爲導向，並且具有遠見。經理人應該受到鼓勵，重新思考原本設定計畫和目標時的假設前提，而不應因此受到懲罰。組織上下必須對策略上的疑問進行廣泛的辯論與分享，策略制定的過程也應該結合多方的貢獻，包括針對顧客的看法和顧客提出的觀點、競爭分析的資訊以及外部專家的意見，並且以新的角度來看待可能讓公司業務陣腳大亂的新科技。

嬌生公司創立了一個稱爲「複數架構」(FrameworkS)的策略程序，以掃瞄多變的周邊地帶。該公司是在一個複雜且快速變化的世界中營運。經理人需要注意的，不僅是市場和變動中的科技，還包括時時改變的醫療保健法規、保險給付的涵蓋範圍、藥品配方，以及其他業者進軍市場的行動，威脅到嬌生的零售商品如黏性繃帶(Band-Aid)和止痛藥(Tylenol)，以及拋棄型隱形眼鏡和製造處方藥的藥廠等等。嬌生公司採取分權化的結構，在世界各地有著兩百多家營運相當自主的分公司，以便讓業務能密切符合在地市場的需求。不過，該公司也創設了監看周邊地帶的規畫程序。

進行「複數架構」的程序時，主管會議與策略性特別小組的成員會自問：二〇二〇年的人口結構將是什麼樣子？二十年後的消費者會有什麼樣的特徵？到了那個時候，一個典型的診所或醫院將如何運作？政府在這當中扮演什麼角色？二〇二〇年的科技將發展成什麼模樣？消費者將有什麼樣的角色和權力？這些問題鼓勵公司上下對周邊地帶產生深入的好奇心。

以問題或假設爲導向的探索策略，必須有開放、好奇的態度加以配合，才能發現意想不到的事物，強化周邊視力的功能。嬌生公司提出的問題，能促使自己對完全不同的情境和新興的機會加以考慮。但要做好這項工作，就必須能容忍模糊渾沌的狀況，甚至願意接受自相矛盾的論點。正如本書第二章與第五章所討論的，情境分析和描繪未來的其他技巧，有助於擴大策略性的思考和規畫，因爲這些技巧激發了各種不同的觀點，並在過程中對多元的解讀抱持開放的態度。其他策略性的能力，像是運用實質選擇權的經驗（第五章所討論的），以及建立結盟關係的能耐等等，也能增加企業組織周邊視覺的能力。聯盟夥伴通常是周邊地帶相關資訊的寶貴來源，對於組織學習有直接的貢獻。但要掌握所學，組織必須有能力管理從夥伴關係中產生的知識和見解⑬。

相反的，美泰兒公司的策略規畫是以當前的產品線爲主要焦點。美泰兒每年推出大約一百五十種左右的芭比造型，以及約一百二十款新服飾，確保芭比能走在流行的尖端。只強調對該品牌進行不斷的改進，卻佔去了該公司所有的注意力，使得美泰兒無法看到客群年齡層壓縮的這個變化。由現有顧客所組成、協助改良芭比系列的焦點團體，不能反映出客群基礎的變動，也顯示不出大一點的女孩已轉移興趣，不再認爲芭比具有魅力，也不認爲芭比與她們有什麼關聯。若美泰兒當初將關注的範圍設定得較廣，可能會運用不同的掃瞄工具，對周邊地帶進行更廣泛的觀察，或對出走的顧客或不滿意的顧客，進行更仔細的研究，或者採取耐吉（Nike）和銳跑（Reebok）的方法，雇用「獵酷人」（cool hunters）來找出目前基礎客群以外，是誰設定了流行的趨勢。此外，美泰兒也許也會設下誘因，鼓勵員工和零售商提供有關市場改變的新鮮資訊。

充滿好奇、具有彈性的企業文化

並非所有的策略程序都能和諧地相互配合，也不是每一項程序都能以量化的方式評量或帶來金錢的報酬。因此，企業是否有能力運用周邊視力的第三項要件，是必須具備了能鼓勵適當行爲的企業文化與規範。文化的改變多半很緩慢，通常是在與周邊視覺相關的其他能力改變之後，企業文化才會隨之改變。許多企業文化講究的是規避風險和保守行事，造成企業的束縛，使其無法進行廣泛的界定和掃瞄，也就因此更可能看不見中心視野以外的相關資訊。不過話說回來，企業也可以營造鼓勵好奇心的文化，改善周邊視力並矯正上述的狀況。

部落格（第三章中已就部落格這個廣泛的意見來源進行過討論）可以用來鼓勵企業的好奇心。舉例來說，昇陽就鼓勵公司上下三萬兩千名的員工設置部落格。雖然最後只有約一百位積極設立，但總裁暨營運長強納生・舒瓦茲（Jonathan Schwartz）是其中之一，他的部落格讀者達三萬五千人，包括員工、顧客、企業夥伴甚至競爭對手。他藉由部落格分享他對科技和產業變化的看法。舒瓦茲表示，其公司內部並不硬性規定要使用部落格，不過又接著指出，電子郵件理論上也不是強迫一定得用的，「我很難想像一名經理人要如何在不使用這兩項工具的情況下發揮效率。」

然而，組織文化常常限制了它的周邊視力。當霍維爾・雷恩斯（Howell Raines）擔任總編輯，領導《紐約時報》、塑造其企業文化時，被人形容是一位「自我中心的獨裁者，以恐懼作爲統治的工具……並且討厭聽到他不想聽的事實」⑭。雖然雷恩斯的獨斷讓《紐約時報》在一年內贏得了七項普立茲獎，但受限的企業文化也促成了記者傑森・布雷爾（Jayson Blair）抄襲、捏造事實的醜聞。從周邊地帶傳來愈來愈強烈的訊息，顯示布雷爾的報導很有問題，但雷恩斯對這些訊息卻不屑一顧，在二〇〇三年六月醜聞爆發後，雷恩斯終於辭職下台。類似的例子還有安隆企業既強勢又魯莽的文化，在心猿意馬的董事會放縱下，使醜聞愈演愈烈，最後造成了該公司的毀滅。

某些產業的企業文化本身就比較注意周邊地帶，例如流行服飾業者，或是那些面對善變的消費市場的企業，爲了在如此變動的市場中生存，不得不發展出強有力的周邊視力⑮。其他有些組織，則具備了健全的知識管理和探究的制度⑯，提供了值得仿效的模型和方法。

美泰兒公司在貝茲娃娃推出時，有著強調以產品爲導向的文化。美泰兒內部有一本一百多頁的手冊，記載著處理芭比品牌時一切「可」與「不可」的規定，從這便能明顯看出該公司的焦點。因爲該公司是市場的龍頭，所以它採取的是防禦性的態勢，反覆操作這個產品線，進行小幅度的改良，但卻不實際去了解目標客群和其他客群的需求改變。

建立一個警報生態，以便在企業內部傳播訊息：這個文化可以設計成類似中情局所謂的**預警生態**（ecology of warning），其目的是鼓勵人們留意警告訊號，甚至是與他們手邊的任務無關的訊號。比方說，消防隊員可能接受過相關的訓練並受到鼓勵，在進入一名老人的住家時，也能警覺到屋內的雜物堆積，將提高老人髖骨骨折的機率。這名消防隊員之後可以提醒老人的看護或健康維護組織（HMO）加以注意，採取措施避免意外。也可以提供具體的獎勵或設置榮譽榜，以表彰這類的行爲。消防隊員關注的焦點通常在因應火警的通報，但若建立了預警生態，則消防隊員也能幫助預防未來其他的意外。企業組織也是一樣，需要找出各種方法，鼓勵既有的感應網絡，分享對其他部門來說可能很重要的早期訊息。可以以提供誘因和訓練的方式，鼓勵組織內部形成這樣的預警生態，以下將對此進行討論。

具有偵測和分享微弱訊息的知識系統

一家英國的超級市場發現，店裏販賣的高價法國乳酪銷售下滑，但在把這項產品下架之前，這家超市將這個現象與顧客資料庫中的資料做了交叉比對。多虧了顧客忠誠卡這個機制，這家超市對顧客的購買模式才有廣泛的知識。顧客資料庫顯示，雖然法國乳酪相對其他產品的銷售量較少，但購買法國乳酪的顧客，卻是對該超市的利潤貢獻最多的消費群。因此該公司最後還是保留了這項乳酪產品⑰。

這個例子不只顯示了用來蒐集和開發顧客資訊的系統有什麼好處，也指出了這個系統的侷限。舉例來說，超市可以增添哪些像是法國乳酪這類的其他產品，以便吸引到能帶來利潤但從未在該超市消費的新顧客？顧客對法國乳酪的興趣，背後隱含了什麼更廣泛的社會趨勢？而企業又該如何加以利用、獲取利潤？其他的競爭者已利用了這個趨勢嗎？他們是否利用了其他包括精緻化的口味、速食的餐點，以及有機產品等等的趨勢？忠誠卡與其他蒐集顧客資訊的系統，提供了有關目前顧客詳盡的資訊，但這些也只是部分的資訊，還有更廣大的世界，是這些資訊所不能呈現的。檢視有關目前顧客和競爭對手的微弱訊息，是一個很好的開始，但要如何在更寬廣的世界中看到並解讀數目繁多的微弱訊息，則是更大的挑戰。

擁有良好周邊視力的組織，在知識管理系統上具有強大的能力，尤其是他們能在數位世界浩瀚的資訊中，辨認出微弱的訊息。他們也知道如何跨越組織中的藩籬來分享資訊。為了要進行資訊的開採（data mining），企業搜羅了如聖母峰一般高聳的資訊，但最後常常高到讓人無法攀登；企業坐擁資料，但卻窮於綜合。例如，英國零售超市賽福威（Safeway）在體認到自己沒有能力運用所蒐集到的資訊之後，便取消了忠誠卡的制度。除了消費者和競爭者的資訊以外，還有許多大量的資訊，是由企業內部產生的，例如各個業務代表的見解等等。

威廉・吉卜森（William Gibson）曾說過，「未來已經到了，只不過是分配不均罷了。」組織需要建立傳播知識和看法的管道，才能分享組織中有關未來的訊息。正如本書第三章所討論的，企業必須在組織內部掃瞄有用的資訊。愈來愈多的組織試著彙整資訊的來源，以形成容易進行存取的知識管理系統。當然，還有那放任不羈、無窮無盡的網際網路；企業開始將他們的「哈伯望遠鏡」，聚焦到這個範圍廣大、沒有結構、又不可預料的虛擬宇宙，希望能在窺視的過程中找到特殊的洞見。要管理這浩瀚的資訊，主要得仰賴分享資訊的能力。

經理人應該思考，他們的資訊系統中是否出現嚴重的**結構上的漏洞**（structural holes），也就是說，某些區域應該要接受到的資訊，卻因爲內部網絡的運作而沒有送達[18]。如果眞有這些破洞，經理人可以試著改善組織的理解系統，以塡補這些漏洞。同樣的，經理人可以自問，他們的組織是否深受**黑洞**（black holes）所害，也就是說，組織中資訊一旦傳到了某些區域，就好像石沉大海一般。這與天文學上的黑洞類似，這些群聚（也就是團體、部門或功能）從來沒有發出光芒或流出資訊；這些單位藏了許多資訊，但鮮少與人分享。原本只是輕微的動靜，要變爲有意義的訊息時，這個過程中如果遇上了黑洞，將阻斷微弱的訊息。而如果組織中某些部門太過孤立，不與其他資訊豐富的部門有所接觸，就可能變成結構性的漏洞，無法判別、提升與企業整體有關的周邊資訊，也無法做出因應。

美泰兒對抗貝茲娃娃時的失誤，不在缺乏資訊，該公司蒐集了龐大的銷售資料，得到不只五家公司針對行銷所做的研究報告，並且設立了焦點團體，在賣場攔截抽樣進行驗證，甚至到府觀察兒童的活動，以了解遊戲模式的改變。美泰兒早在一九八〇年代，就已看見了年齡壓縮的第一個徵兆，但到了二〇〇〇年，其資訊系統是由兩百個支離破碎的系統所組成，由於這些系統大都是經過特殊設計、個別打造的，因此彼此之間無法輕易分享資訊。二〇〇二年，在一場邀集眾多分析家參與的研討會上，新任資訊長約瑟夫・艾可羅斯（Joseph Eckroth）表示，這些系統阻礙了生產力、降低了營運的效率，使企業變得遲鈍，無法對環境中的改變加以因應。二〇〇二年初，美泰兒對其資訊系統進行了徹底的翻修，但可能是由於當時財務上的挑戰，使美泰兒分心，無法將「點連成線」，未能就觀察到的資訊迅速回應。美泰兒對芭比的投資已進行了好幾十年，所累積的一切不能輕易損失，因此採取保守的態度。當它推出略帶嘻哈風格的閃亮小天后（Diva Starz）系列，卻遇上了顧客強力的反對。此外，當貝茲剛出現時，芭比仍有所成長，而且在此之前，芭比也曾擊退其他的威脅，例如小美人魚娃娃曾享有短暫成功的滋味，但最後還是讓芭比的一記回馬槍給掃出了市場⑲。叱咤市場多年的企業，對於來自周邊地帶、能改變市場版圖的力量，特別容易輕忽。

美泰兒的組織結構，對於內部的溝通也沒有幫助。二〇〇三年成立美泰兒聯合品牌之前，男孩玩具與女孩玩具的部門，運作得就像是各自獨立的兄弟會和姊妹會一般（甚至在芭比與肯恩轟動一時的「分手」新聞之前，負責的兩個部門就不常互相溝通）。這些部門很少互動，而員工也很少在公司不同的品牌之間調動。二〇〇三年美泰兒設立了新的品牌結構，目的就是要讓負責男孩玩具和女孩玩具的部門之間，產生更多的互動，不過在當時，貝茲早已取得了屹立不搖的市場地位。

消除或挑戰畫地自限的作法：組織煙囪式的資訊系統（stovepipes）對資訊的分享可能有利也可能有弊。例如，雖然星巴克（Starbucks）地方分權的行銷責任，確保經理人能密切掌握當地市場的口味，但這也使得企業總部很難看出市場普遍的改變。雖然該公司被認為是世上最機靈的行銷組織，但居然沒有設置策略性行銷小組或行銷長（CMO），行銷的責任分散於三個單位（市場研究、產品型錄，和各個行銷小組）。因此到了二〇〇二年，星巴克還無法體認到該品牌逐漸式微的趨勢，基礎客群的年齡、知識水準，以及收入都較以往為低，不僅如此，連顧客的滿意度也跟著降低。有關這些趨勢的資訊，在任何一家分店都可以得到，但由於星巴克組織結構上的弱點，使得各地的看法無法迅速聯結，市場的全貌是經過了長久的時間才被人了解⑳。企業可以藉由重新塑造資訊系統，或在各單位的系統間建立起整合性的結構，以擴張經理人的組織架構。

捕捉輕微的動靜：企業管理顧客資料的能力日新月異，比如說，現在能使用即時的訊息來調整產品價格，也採用預測分析來協助預期趨勢變動的方向。但這兩項進展主要針對的是與目前業務相關的、經過建置的資料，大部分不出組織焦點視野的範疇。眞正的挑戰在於處理大量、無結構性的資料。組織必須適切地注意外部的和微弱的訊息，但組織中用來尋找特定資訊的系統，卻常把這些訊息給過濾掉。

知識管理已成爲一門學問，專爲協助處理超載的資訊，而這門學問的建構，根據的概念是傳統的檔案處理法，和比較先進的決策支援方法論（decision-support methodologies）。運用這些系統時的挑戰，是當我們還不知道資訊眞正的重要性與相關性之前，便要決定哪些資訊值得儲存，並且以後有需要時，該如何重新調出資訊。這在處理周邊資訊上是特別艱巨的任務，因爲周邊的資訊多半是不完全的、模稜兩可的，並且相關性看似很低。把所有輕微的動靜都儲存起來並非明智之舉，但如果篩選得太嚴謹，又可能過濾掉重要的訊息。

企業要辨識重大的威脅，一個方法是任命一名主管專門「蒐集被害妄想」。這位負責人必須有足夠的資歷，在組織中說話才有分量，這樣才能保證其他人會以嚴肅的態度，看待負面的、生死攸關的資訊。察覺輕微動靜並加以因應的另一種方式，是將不同部門的人員組成二到三人的小組，並讓這些小組思考一個問題：我們今年的新產品線上，有可能發生的最壞的事是什麼？一旦點明了這些威脅，小組便可推想出可能出現的警訊。在檢視過這些潛在的災難後，小組也可以思考公司可能發生的最好的事是什麼。採取這樣的方式，將使組織更加注意輕微的動靜，並且讓經理人能更迅速地「將點連成線」。

運用市場機制和先進的分析觀察全貌：前中情局的一名主管建議，可設計一個以恐怖主義爲主題的虛擬市集，如此一來，政府官員與社會大眾便能監看，消息靈通人士對各種恐怖攻擊事件（例如攻擊巴黎艾菲爾鐵塔，以及倫敦國會大廈的大笨鐘）發生機率的評估。儘管以專家小組進行預測和形成意見市集的想法，值得推薦，但政治上的反對意見，則不贊成將恐怖攻擊與不幸事件拿來當下注的標的，因此很快便壓制了這個想法。已有大量的學術性研究，舉例說明了市場和群眾的智慧[21]，這類虛擬的影子市場，可以被設計用來追蹤和獎勵任一議題的卓越見解。舉例而言，就有這麼一個能精確預測總統大選結果的市集，下注的玩家是以他們的金錢與名聲來投票。

重點是所設計的情報蒐集機制，必須結合專門性與一般性的目的，以類似軍事情報對全球地面和天空進行掃瞄的方式，找出不尋常的現象，監控企業組織的周邊地帶。經理人可更進一步運用資訊處理科技，來偵測、編輯整理、儲存、傳輸，甚至解讀資料。雖然大部分「決策儀表板」（executive dashboard）所呈現的資訊，窄化了企業的焦點，但是企業可以設計視野範圍更寬廣的系統，來追蹤周邊地帶重要的發展，並且遠距召集專家小組，就模糊的資訊提供他們的判斷。IBM的「網路泉源」（WebFountain，本書曾於第三章提到），可能是私人企業裏最具野心的嘗試，有系統地不斷從網路和其他來源擷取資訊並進行編整。從辨識模式，到存取資料，再到資料加密等等的科技，不斷地改進了組織探究周邊地帶的能力。

發展組織的架構與程序，引發對周邊地帶的探索

領導力、策略規畫程序、企業文化，以及知識分享系統等，這些能提升周邊視力的要件，需要有適當的組織架構的支持。當芭比在市場上受到貝茲的攻擊之後，美泰兒公司成立了名爲「鴨嘴獸計畫」（Project Platypus）的創新中心，結合各種不同的團隊，創造出新的產品點子。這個中心是以發展新的熱門產品爲目的，而不是爲了改良芭比，也不是要模仿貝茲。該計畫每一回都由十幾位公司人員所組成，他們輪流從本身的職務中抽身，花三個月的時間，待在一間專門用來玩遊戲與發揮創意的工作室。他們組成小組，實地進行田野調查，觀察兒童遊戲的過程，訪問家長，並進行創意性的腦力激盪，進而創造出新的產品概念[22]。人員組成不同的聯合陣線，擁護他們所熱中的點子，這項計畫並不只是爲了產品計畫和市場創新提供新的點子，藉由人員輪番參與，也將這個激發創意的方法帶回工作崗位，普及於組織上下。

這類計畫能幫助企業創造出眞正新穎的產品，例如新奇的 Ello 創意玩具，它是一種「創

造系統玩具」，其目標客群是五歲到十歲的女孩，Ello可以用來建構任何東西，包括房屋、人物，或是項鍊。Ello於二〇〇三年提升了美泰兒公司的「其他女孩的品牌」（Other Girls Brands）百分之五的全球銷售。美泰兒成立了「鴨嘴獸計畫」，基本上也就是創造了新的桿狀細胞（rod cell），使企業能更快速地在周邊地帶偵測到機會，並且重建組織架構，讓所得到的見解能轉變爲新的產品。同樣地，寶鹼公司成立了一套系統，讓經理人暫時離開工作崗位並接受挑戰，他們必須在很短的時間內，爲一件重大的業務，擬出產品快速原型化的方案（見短文「間斷訓練營」）。這類的計畫能重整企業經理人的焦點，並將狹窄的焦點擴大。

其他組織性的結構對周邊視力也有貢獻。正如第五章討論的，中情局創立了一個外部的創投基金In-Q-Tel，以尋找並評估能爲它所用的新興科技。一些企業也成立了投資基金，例如英特爾投資部（Intel Capital），其目的是要密切注意新興科技。內部組織架構中有助於強化周邊視力的層面，包括了聘用能擴大組織的好奇心與增加組織多元觀點的人員，以及創造誘因，以鼓勵並獎勵員工善用周邊視力。周邊地帶的責任歸屬也相當重要，這點將於下一章討論。

任用好奇之人，並且訓練、獎勵好奇心：有些人在掃瞄周邊地帶的任務上，比其他人更具有天分。參加宴會或接待會時，你能注意到多少周邊地帶的事物？誰與誰正在談話？誰先離開了？哪邊出現了笑聲，而哪邊又存在緊張的關係？有些人能注意到所有發生的事，而有

間斷訓練營

寶鹼創設了一個稱爲間斷訓練營的方法，其名稱擺明了就是要挑戰現狀。訓練期間，經理人被帶離原崗位，並賦予一項挑戰，必須在很短的時間內，創造出一個具有原創性的產品點子。從前，發明家得在餐巾紙的背面塗鴉出他們的想法，現在在過程中，則可運用科技幫忙將新想法原型化。使用模擬軟體能加速資訊的處理，並協助以影片描繪出粗略的產品原型和概念主張。原型電視廣告可以很快地使一個抽象的觀念變得更眞實，並且在視覺上清楚呈現產品的潛力。這個方法提供了參與其中的經理人，以及評鑑新概念的人員一個機會，以衡量該項概念的訴求是否獨特、有力，是否值得爲它投注時間和資源，從頭到尾完成產品的發展。評估這些新想法的人員，也可看到他們在平常制式的營運計畫中所看不到的東西——對於這個想法的熱情與興奮。這是否是一椿蓄積了能量的生意？

這整個過程比一般典型的方法快速、粗略。在探索周邊地帶時，目的不在看清楚每件事物的細節，而是要迅速地判斷該項事物是否值得組織投入更多的注意力。這些方法在本質上，能讓組織很快地用餘光瞄一眼，再決定是否放進更多的注意力在邊陲的概念上*。

* Larry Huston, "Mining the Periphery for New Products," *Long Range Planning* 37 (2004), 191-196.

些人則幾乎什麼也沒注意到，一整晚下來，他們甚至對那些少數幾個有過交談的人，所知也很有限。若要提升組織的好奇心，處理人員招募、訓練、升遷和酬勞的人力資源部門，在改變組織內部的成員組合上可發揮很重要的功能。

組織可以讓人員更多樣化，也可以在雇用新人時，刻意尋找具有良好周邊視力的人才，這兩種作法都有助於組織進行掃瞄。當雇用新員工時，可以提出特定的問題或進行特定的測驗，以便評估在不經意的情況下，他或她對周邊地帶的興趣和掃瞄周邊地帶的能力。當設計考績的評量時，評估員工是否能成功地注意到周邊的事物，以及次數是否頻繁。而在人員訓練的方案中，加入有關批判性思考、創新性思考、情境分析、動態監控和偵測微弱訊息的課程。讓你的員工了解一點，當我們試著理解外在的世界時，人人都會發生認知上的疏忽和偏見。

圖七・二：周邊視力的要件

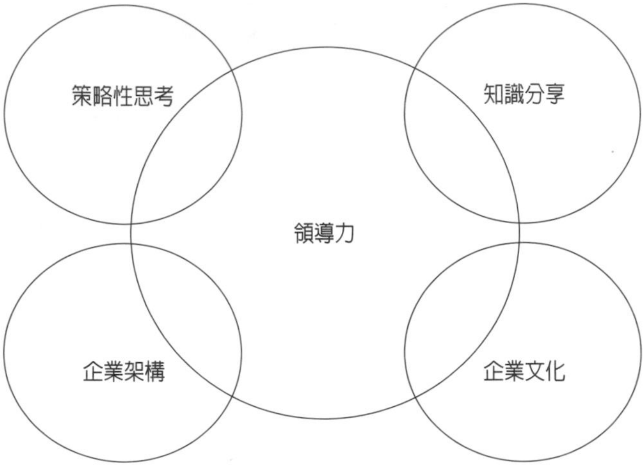

結論：全部組合起來

組織形成周邊視力的各個要件，彼此具有高度的關聯性，正如圖七・二所示。它們應該有相輔相成的作用，並由居於制高點的領導力統整。堅穩的領導力能發揮很大的作用，讓組織上下對周邊地帶更有眞實感。

然而有時候，這些要件的關聯性很複雜或很微妙。某一領域的優勢，看起來好像能改進周邊視力，但卻可能因限制了彈性和好奇心，反而降低了周邊視力。例如思科（Cisco）運用「虛擬結帳」的方法，能根據目前的產銷進度，完成即時性的財務報表，這似乎使該公司能高度感應所處的環境。與其像一般企業要等一個月才能知道其業務進行得如何，思科卻能按著財務的脈搏，得知公司每天的財務進度。這個方法使思科將注意力專注於即時的業務狀況，但卻不一定能幫公司在大環境中辨識出終將影響企業的改變。思科就沒能及時察覺網路泡沫化之後的衰退，迫使它在二〇〇一年必須損失幾十億美元的庫存費。也許這原本就無法避免，但即時虛擬結帳的方法，讓該公司好像有個汽車後照鏡一般，能精確地看到背後的景象，但卻不能讓企業對於前方的路況有更好的了解。的確，即時的管理系統可能造成企業錯誤的安全感。

本章中所提到的每一項建議本身，都能改善周邊視力，但將所有的要件整合運用，會產生更大的效果。經理人如果想設計出具有好奇心、好發問的企業組織，那麼最好要具備一加一大於二的整體觀。企業內部有各種力量企圖維持現狀，對任何改變的來源都採取反對的態度，這可以用橡皮筋的理論來解說。一個單獨孤立的小改變，就好像是輕輕地拉開橡皮筋然後就放手一般，橡皮筋會馬上彈回原形，而組織中改變的努力如果沒有強大的後盾，也會彈回原點。本章中所提到的每一項建議都能彼此相輔相成，但企業分配於周邊地帶和焦點視野的資源，必須有所平衡。本書接下來的最後一章，將就企業組織周邊視力的取得與改善，為身為領導角色的你，特別提供更進一步的看法。

8

領導

行動的進程

經理人在觀察周邊地帶的同時，

必須要問以下的問題：

• 我們該問什麼問題（界定範圍）？

• 我們該如何找到答案（決定掃瞄的策略）？

• 這是什麼意思（理解初步的結果）？

• 我們該做什麼（發展出具有應變彈性的準備動作）？

居於核心的，是決定以何種方式、

在何處掃瞄周邊地帶的過程。

經由提出並回答這些問題，

組織對周邊地帶便有了見解，

並可提出新的問題，以便深化周邊視覺。

「拋開自以爲能預測未來的這個幻覺是一種解脫。你所能做的，只是讓自己有能力因應人生中唯一確定的事——那就是人生充滿不確定性。策略的目的就是在創造這個能力。」

——英國石油集團（ＢＰ）總裁約翰．布朗尼爵士（Lord John Browne）①

當一名英國國家廣播公司（ＢＢＣ）的主管搭機離開倫敦時，她朝窗外瞥了一眼泰晤士河畔、引人爭議的千禧巨蛋充滿未來感的身影，讓她想起了自己公司淵呑呑的傳統，就像這條蜿蜒的河流一般，而正挑戰著ＢＢＣ的數位世界，就如同這座圓頂建築一樣，夾雜著讓人心動卻充滿不確定性的承諾，她心想，兩者之間必須取得平衡。正當飛機愈飛愈高，遠離了這個地貌錯綜的城市和處境複雜的ＢＢＣ，這位主管不禁思考，ＢＢＣ該如何在這個新世界中前進，並維繫它與付費的閱聽人之間的關聯呢？

ＢＢＣ這家由英國民眾出資、以服務大眾爲目的的傳播公司，當時正面臨了各種複雜的挑戰。二〇〇四年一整年，ＢＢＣ似乎深陷困境②。由於ＢＢＣ的報導不實，指控了政府在伊拉克戰爭情報上作假，兩位ＢＢＣ高層主管便於官方提出了嚴厲的調查報告後辭職。另外，各界也廣泛地批評了電視執照費的制度——ＢＢＣ對英國兩千四百萬擁有電視機的用戶所強制徵收的稅（這筆稅收運用的範圍，包括ＢＢＣ所提供全國性與地方性的電視、廣播、網站和互動服務）。除此之外，科技也不斷地改變，才在不久之前的一九八〇年代，當時英國只有四家無線電視頻道，如今，以數位傳播可供給四百多個電視頻道，正因如此，ＢＢＣ的收視競爭者對於ＢＢＣ的籌資方式，感到愈來愈不平。而ＢＢＣ便在這鬧烘烘的氛圍之下，於二〇〇五年針對ＢＢＣ憲章的審查，與官方進行協商——這份憲章授權了ＢＢＣ的創建與營運，也允許ＢＢＣ合法收取電視執照費，而以此募集的營運收入，高達了三十億英鎊（五十六億美元）。這項收入負擔了ＢＢＣ遍及全國與大英國協的八個電視頻道、十個廣播網，以及聲譽卓著的線上服務。另外，ＢＢＣ也有額外的收入，是由ＢＢＣ全球公司（BBC Worldwide Ltd）與ＢＢＣ事業集團（BBC Ventures Group Ltd.）這兩個商業部門，於全球銷售商品與服務所得。

ＢＢＣ的節目製播是毫無停歇的實驗，大眾的品味常常難以預料。例如，ＢＢＣ古典音樂台（Radio 3）於二〇〇五年，花了一整個禮拜的時間，播放了貝多芬（Beethoven）曾寫下的每一首曲子，而電視台也配合推出相關的劇情片與紀錄片。這是一次極爲成功的嘗試。在廣播播送的頭五天中，ＢＢＣ網站上貝多芬的五首交響曲便被下載了六十二萬次（而在九首交響曲都播送後，下載總次數更高達一百四十萬次），使得這位作曲家在網路下載排行榜上，列於前五名之一——居於當紅的流行樂團之前。

但最重要的一項變動是數位革命，繁衍出了各種裝置，節目內容也能從各種數位平台取得。到了二○○五年，閱聽人已可經由數位電視、網路與行動通訊裝置收看或收聽節目，也可以收聽到上千個國際電台。這些科技趨勢助長了閱聽大眾的區隔化，並且加速閱聽品味的改變。BBC必須履行其創意的、民主的、社會的和文化的核心目的，藉以平衡其研發與新媒體的運用。對於這個範圍寬廣並且時時變化的周邊地帶，BBC必須如何因應，而又不至於變得神經質或過於分心？

開採或關照周邊地帶

BBC面對了邊陲中廣泛且模糊的威脅和挑戰，它必須「關照」（mind）廣大的周邊地帶，主動了解並利用相關的改變，尤其是在傳播方式與閱聽大眾消費習慣上的改變③。這便需要在眾多領域之間採用**發散**的注意力和行動。相反的，當處理的是周邊地帶中較為明確的議題——譬如發光二極體對照明產業的威脅（第六章中有所討論）——那麼，領導人可以鼓勵組織在特定的區域進行「開採」（mine）。開採需要的是對周邊地帶特定部分較為**收斂**的注意力，並且需要迅速發展應變的能力（當然，除了發光二極體之外，也許還有其他的變動，照明產業經理人應該更廣泛地加以關照。例如，傳統燈泡造成的汞污染，累積下來將造成什麼影響？）。

企業關照廣大的周邊地帶，注意力可能會變得過於分散，為了避免這樣的風險，BBC

採取了某些方式——將組織整個動員起來，增進探究之心；將注意力導向特定的挑戰；廣泛地追蹤各式各樣的趨勢與品味。關照的策略還包括了其他的層面，但以下僅就這三點進行更仔細的檢視，以深入理解這個方法的好處。

動員組織，增進探究之心

當ＢＢＣ新任總監馬克・湯普森（Mark Thompson）於二〇〇四年六月上任時，便興致勃勃地將公司上下的注意力，導向於關心外界的改變。他曾走進一家銷售消費電子產品的小店，看到高畫質電視（ＨＤＴＶ）攝影機的售價已非常低廉。當時ＢＢＣ內部對高畫質電視仍在討論的階段，而消費者老早就開始使用這項產品。他想，未來已經來臨了，而ＢＢＣ必須對未來更加了解才行。他宣布改組主管會議，並且啓動了一個審查制度，以挑戰公司目前的營運作業。雖然ＢＢＣ當時急需降低成本，但湯普森清楚地指出，更重要的任務是要提出問題，挑戰內部成員對公司的看法。當他上任的第一天，他向ＢＢＣ在英國各地兩萬八千名員工表示：「我們將以開放的心胸迎向未來，但許多問題不會自行消失。如果我們自己不徹底檢視這些問題，別人會搶著檢討我們……接下來三至五年間的任務是，我們要比過去任何一個時期，更快速、更徹底地改造ＢＢＣ。」④

由於ＢＢＣ的周邊地帶如此廣闊，因此很重要的一點是，湯普森不可直接提供員工過於簡單的答案，因此他所做的，是鼓勵組織上下針對周邊各個層面進行更深入的理解。湯普森推出了一個名爲「創意未來」（Creative Future）的創新方案，鼓勵每個部門將注意力集中於能塑造企業未來的改變上。

其目標是要組織中的每個人，都向外觀察周邊地帶——尤其是有關新科技、新通路與消費者行爲的變化——以便更確切地了解，自己的部門將因此發生什麼改變。此舉是在改變企業的文化，從狹隘地專心製播新聞和各類節目，轉而變得更爲宏觀。這也鼓勵了組織上下進行資訊的掃瞄與分享，並創造內部討論的空間，探討這些訊息可能具有什麼意義。

企業文化的改變，激發了各部門提出種種不同的見解與行動。例如，BBC的行銷人員針對年輕觀眾進行了解時發現，雖然年輕觀眾喜歡BBC某些特定的節目，但他們並未將這些節目與BBC這個品牌做聯想。後來BBC便進行了企業形象的推廣，以提高消費者對BBC的注意，並且改變觀眾的認知，讓他們意識到自己所喜歡的節目其實是由BBC製作的。這項挑戰是要在年輕觀眾的地盤上，使用他們的語言與他們接觸。

將注意力導向特定的挑戰

問題是，周邊地帶範圍寬廣，讓組織感到不勝負荷，且注意力會過於分散。因此有必要找出事情的輕重緩急，將注意力導向特定的領域，而同時又繼續增進覺察的能力。寶鹼公司的主管萊利．赫斯頓（Larry Huston）討論周邊視力時，回想起他小時候，大人教他如何在賓州東部剛犁過的農地上，尋找美國原住民遺留下來的箭頭等物品。毫無方向的搜尋很少有收穫，因此赫斯頓的父親教他，拿根棍子隨機地指向田中，然後只就棍子指向的地方去尋找。雖然這樣的搜尋也是隨機的，但藉由棍子的尾端，他的注意力所涵蓋的區域範圍縮小，他也比較能夠看到微小的物品；如果他觀察的範圍過大，就容易忽略小東西。

在BBC，湯普森提倡一些特殊的計畫，目的在將組織的注意力集中，以了解風景變化中的細節。這些計畫並不像赫斯頓的木棍法那般隨機，但都具有相同的目的，要將注意力導向周邊地帶中範圍較窄的重要領域上。數位科技便屬於這類焦點領域（雖然剛開始對這個議題的注意相對較少，但現在BBC內外都對這塊領域投入了大量的注意）。湯普森就任一週後，與BBC的董事長邁可．葛瑞德（Michael Grade）發布了九點聲明，作爲修訂憲章、推動組織再造活動的一部分，以期BBC能符合數位時代的需求和機會。他們看到了未來世界的景象，在不久的將來，英國國內人人都能接收數位服務——具隨選功能、可攜式和個人化的服務，「傳統上由節目播送者到消費者這條單向的管道，已進化爲眞正具有創意的雙向對話，大眾不再是被動的觀眾，而是主動的、受到啓發的參與者。」⑤由於這份聲明文件的提出，BBC因此對這些科技的影響和意義特別留意，進而汲取數位世界中的機會。

BBC也與外部顧問合作，檢視外界的某些改變，並且完成內部企業文化必要的轉型。

這使得BBC體認到，觀眾運用科技的步伐遠遠超前BBC，包括數位錄影機、維基系統（wikis，社群共同創作的網路環境）、手機簡訊等。消費者接收媒體和娛樂服務的方式、地點和原因，也大有改變。

BBC進行了各種實驗，以因應大眾南轅北轍的閱聽行為，包括內容的下載、互動、操縱和共同創作。BBC也發展了網路電台的功能，以延伸廣播節目播放的時段。此舉所衍生出來的，是互動式媒體播放器與「我的BBC」播放器（MyBBC Player），這些功能讓繳納電視執照費的消費者，能上網進入BBC的檔案資料庫搜尋。這些計畫全都在周邊地帶進行了真槍實彈的試驗。

廣泛地追蹤各式各樣的趨勢與品味

BBC也雇用追蹤趨勢的「獵酷人」，進行掃瞄、搜尋並為創意活動提供原料。該公司也向先驅者學習，其科技長就經常造訪南韓和亞洲其他地方，而這些地區已打造出BBC所想要發展的那種數位世界。科技長想要知道的，是與BBC本身業務有關的見解：新科技將對消費者蒐集新聞、娛樂節目和資訊的方式，有什麼影響？由手機、電腦和電視取得新聞或娛樂節目時，最重要的頻道是哪些？廣播網站（Podcasts）的發展又如何？就不同的播送管道來說，最適用的內容是哪些？（舉例來說，東亞地區的業者正著手製作「手機劇」〔mobisodes〕，是將節目摘錄成短片，直接傳送到手機上。）英國的經驗與東亞國家的經驗將有何不同？

ＢＢＣ也觀察本國社會的改變，並且得到出乎意料的發現。例如，ＢＢＣ觀察到獨居生活的人愈來愈多這個重要的趨勢，這使得全家一起看電視的機會變少，而個人單獨看電視的情況增加。就算一戶人家中住有許多人，但由於一家擁有好幾台電視，人們基本上是活在獨立的「資訊蛹」中，家人分享經驗的機會愈來愈少。這個看法引伸出新的機會，製播能吸引全家圍在電視機前一同觀賞的節目。例如，ＢＢＣ重新推出《誰博士》（*Dr. Who*），而這部影集居然在原本是收視死水的週六晚間七點，獲得瘋狂的成功，而其中很大的一項原因，就是因爲這部影集能吸引全家大小。電視產業這下才驚訝地發現，原來週六晚間並非死寂一片，而就算是在媒體分眾的時代，能吸引人們齊聚一堂的傳統娛樂，仍然有其市場。

部落格也改變了ＢＢＣ與英國境內以及世界各地觀眾的關係。國民新聞（citizen journalism）是一項重要的新發展，在這個發展中，遊客提供所拍攝到海嘯和炸彈攻擊現場的照片，部落格版主即時更新新聞，而互動式的媒體勢力也日益強盛。這類由科技主導的發展，顯然改變了ＢＢＣ與閱聽大眾的互動。而這些改變也帶來一項重大的挑戰，ＢＢＣ必須確保本身誠實、公正和信任等等的核心價值，同時又能與這個「維基」式的新世界並行不悖，且共存共榮。

這些只是有關ＢＢＣ如何關照範圍寬廣的周邊地帶的少數例子。就實務來說，關照和開採周邊地帶，兩者只有程度上的差別而已。所有的組織都必須就小部分的重點區域加以觀察，但也不能忽視了整體環境的全貌。

周邊地帶的六門課

對於像BBC的湯普森這類必須引領組織探索周邊地帶的領導人來說，有哪些指導原則呢？我們就前幾頁的討論中摘錄出一組核心課題，協助企業組織與主管更有效地處理周邊地帶的議題，又不至於負荷過重或充滿困惑：

課題一：周邊視力與預備和警覺有關，而與預測較不相關⑥　有效運用周邊視力的原則之一，是它的清晰度永遠比不上焦點視力。周邊地帶是模糊的，是沒有色彩的；微弱的訊息依定義來說就是不清楚的。基本上，未來是不可知的。然而，儘管有著這些限制，周邊視野促進企業做好兩種準備：面對不確定性的準備，以及比其他人先採取行動。若到了能清楚預測和斷言的時候才行動，可能已經太遲了。監控周邊地帶的企業組織，能巧妙地定位自己。雖然人類深切地渴望確定性與準確性，但我們必須懂得在這個模糊的世界中隨遇而安，我們的視野才能超越焦點視力的範圍。

課題二：問題不在缺乏資料，而在缺乏好問題　經理人爲了自我慰藉而蒐集更多的資訊，但除非他們是以擴張視野爲目的，否則不管他們尋找得再仔細，也會因視野太狹隘而看不見機會與威脅。正確的前導問題，可把整體組織的注意力吸引到重要的地方，而同時又能過濾掉毫無意義的雜訊。

課題三：以開放的心態積極掃瞄，因爲周邊地帶不會總是朝你而來　不要等待周邊地帶朝你而來，你必須主動探索它。哥倫布並不是對著海眺望就發現美洲的，他得揚帆出發。雖然被動的掃瞄在周邊視力上也扮演了重要的角色，你仍須主動探索周邊地帶，先提出具有目標性（directed）的假設，朝向未知展開沒有目標性（undirected）的旅程。尤其是，你可以運用各種工具，聚焦於邊陲中對公司或對思考中的問題來說，特別重要的部分——例如顧客的變動、新興的科技。積極掃瞄並非單一的事件或一4一度的事件，它必須是一個即時的過程，且運用了各式各樣的技巧和方法。

課題四：運用三角交叉檢視法，增進對周邊地帶的了解　正如同眼睛運用了三角交叉檢視法的原理，提供了景深與意義，要了解周邊地帶，也需要多元的觀點。如果周邊地帶是含混不清的，那就得從各種不同的角度來觀察。要做到這點，最簡單的方法就是找觀點不同的人來參與這個過程，並且運用多重的方法和技巧，這之所以特別重要，是因爲周邊地帶先天上就是模糊、不完全的。觀點的衝突與差異，以及多重的假設，都有助於闡釋畫面中不同的部分。以這個方式，組織便能有創意地「將點連成線」。

課題五：在周邊地帶進行掃瞄時，最好先探索、後行動　不要一味地相信眼角餘光所看到的事物。不驟下結論很重要，必須多花時間了解周邊地帶。必須有目標性地進行探索，放大微弱的訊息，行動時也必須小心謹慎地運用各種實質選擇權和實驗，以便在不確定性降低到可容忍的程度之前，都能保有彈性⑦。

課題六：平衡周邊與焦點視力是領導者所面對的中心挑戰　企業通常因爲針對焦點區域進行投資，而犧牲了投入於周邊地帶的資源和關注。組織必須在焦點和周邊視力間找到正確的平衡點。眼睛的運作相當奇妙，結合了掃瞄周邊地帶的桿狀細胞，以及良好的光線下主管焦點視力的錐狀細胞所提供的資訊；兩種細胞各有其角色功能。同樣的，組織也不能認爲周邊的活動只會分散注意力或分食稀有資源，因而決定將所有的資源投入焦點範圍內的事物上。領導人必須權衡組織和其身處環境的需要。有些企業必須極度專心，而有些則眞的需要發展「兩手左右開弓」的能力，一方面經營聚沙成塔的行動，一方面又領導革命性的轉變。

改善的進程

如果組織在周邊視野上有弱點，就必須提出改善的規畫。一旦指出了這些弱點，則有許多方法能夠處理這些不足，就像生理上的周邊視力有弱點一樣，也有各種治療的方法（見短文「治療不良的周邊視力」）。之前幾章中，已提供了明確的策略，用以強化組織周邊視力的運作程序和能力。

檢查你的視力

正如眼科診所會寄出通知，提醒大家每年接受檢查，你的組織也應該養成習慣，定期使

治療不良的周邊視力

周邊視力有了缺陷要如何治療？治療如視網膜色素變性（retinitis pigmentosa）等降低周邊視力的眼疾，方法包括以下所列（括弧中對照了治療企業周邊視力不良的方法）：

- 從捐贈者身上移植好的視網膜（聘請個別的員工或顧問來提供新見解）
- 移植整個眼球（任用新的執行長，或進行企業實質的重整，以改變觀點和遠景）
- 運用幹細胞以刺激眼睛細胞組織的成長（創設企業內部教育的計畫方案，以便在既有的組織中建立更寬廣的觀點）
- 運用電子或人工輔助工具（使用科技來增加、放大和編排從環境中所得到的資訊，以便挑戰既有的觀點）。

用「策略視力檢查」（見附錄A）來評量組織的周邊視力。公司所在的環境是否有了改變，使得周邊視力愈來愈重要呢？你在建構組織的能力上，是否有所進展？你遇到震驚和意外的狀況比以往多還是少？與組織內所有的經理人一同進行檢查。這個檢查，第一，能增進對周邊視力重要性的體認。第二，可以作爲引發討論的工具。我們常在資深管理團隊中，發現對某特定問題天南地北的看法，原因出在這些經理人掃瞄的方法好壞、掃瞄的範圍大小、掌握周邊地帶脈動的優劣程度，都有所不同。將這些不同的假設一一審視並加以挑戰——或明白地呈現——那麼，管理團隊對周邊地帶將能提出更多的回應。第三，這個檢查可以作爲教育或用來定義的工具，以協助資深管理團隊更進一步了解，其面對的周邊地帶的範圍和複雜性。

當組織體認到周邊視力的重要性，可能會想更頻繁地進行這樣的評量，每年不只進行一、兩次而已。他們也許會替換掉目前監控時使用的制式化的「儀表板」，而改用偵測範圍較廣的策略性「雷達」⑧。這個雷達可以協助追蹤企業目前的進展，但也可以偵測到可能自周邊地帶逼近的光點。這樣的雷達設備可以偵測出競爭對手何時會發動攻擊，並判斷聚集的雲層到底代表的是即將出現的陣雨，還是颶風來臨前的徵兆。

小心落差

附錄A的「策略視力檢查」將幫助你評量，你目前擁有的周邊視力與你實際需要的能力之間的警覺性落差（vigilance gap）。組織就像運動員一樣，可能其周邊視力生來就有某些優勢和弱點，與其歷史、結構和所處產業有關。但組織也能進行訓練和發展計畫，以改進周邊視力（這可能比訓練運動員還容易，因爲人類身體的可塑性沒有組織高）。

如果警覺性落差很大，以下列出了從之前的章節中所摘錄的策略性方法，可能有助於縮小這個落差：

- **擴大或調整範圍**　檢討策略規畫的過程，使其能更導向外部，包括在企業邊緣掃瞄。組織目前以何種方式窄化了其世界觀？組織中是否有畫地自限的狀況，是否存在了盲點和漏網的重要資訊？這些狀況要如何處理，並設定出適當的範圍？
- **強化掃瞄**　判斷企業如何能更有效率地掃瞄周邊不同的部分。組織是否能創造並發展動態監控系統來追蹤外部事件，尤其是那些顯得突兀的事件？企業的決策儀表板是否有機會替換成策略性雷達，以便偵測出微弱的訊息？
- **改善資訊的解讀**　以各種方法找出另外的看法，以增加整體畫面的景深。整合組織內外這些不同的觀點，形成連貫一致的世界觀。關鍵是要採用各式各樣的方法進行三角交叉檢視。
- **積極探索**　決定企業要採取何種方法，更仔細地觀察相關的微弱訊息。你該如何創造實質選擇權，使得組織探索微弱訊息時，也不需過度投入？

- **明智地行動** 企業的行動必須根據周邊地帶的挑戰，配合環境中不確定的程度與競爭性的威脅。採用實質選擇權的概念，爲未來各種不同的可能預作準備。
- **組織再造** 警覺性高的組織所具備的領導力，能鼓勵人員更廣泛地對周邊地帶加以注意，以探究的態度訂定策略，形成一個有彈性、好奇的企業文化獎勵周邊的探索，爲偵測、分享微弱訊息而建立知識系統，以及建立一個能激發對周邊地帶探索的組織結構和作業程序。組織再造時需要重新思考的領域，包括了誘因的制度（是否能鼓勵人員分辨並分享微弱的訊息？）、知識分享的管道、聘用與升遷的政策。企業是否總是吸引具備周邊視力的天賦的員工？或是否正好相反，企業的聘用與訓練方案反而獎勵了專業有限、注意力不足的員工？正確的平衡點在哪裏？如果之間的落差很大，對組織整體重新思考就格外重要。尤其是，改進的計畫必須著重於我們的研究所發現的三樣最重要的工具：領導力、動機誘因，以及鼓勵分享資訊的組織結構。
- **再度強調領導力** 總而言之，領導力最爲重要。領導者必須以身作則、發揮領導力、展現對周邊地帶的興趣，以及獎勵員工對周邊地帶提出看法。企業組織必須專注於開採周邊地帶特定的區域，並且關照更廣泛的相關區域。組織也可以推出建立覺察能力的計畫與訓練方案，促使員工對於周邊地帶更爲敏銳，並且引進能擴展周邊視力的工具。組織除了需要具有良好周邊視力的領導，也需要一個眞正能兩手左右開弓的董事會（也就是說，處理焦點議題或周邊地帶，都很在行）。不論進行任何改變，道理是一樣的，健全的改進計畫都具有以下的特點：

一、組織從上到下全體參與。

二、打造出能激發人員卓越表現的條件。

三、體認到企業文化的改變始於行爲的改變。

四、重視行動勝於言論⑨。

自然地，每個組織具備的警覺性落差、企業文化、資源和其他因素各有不同，所需要的行動計畫多少也會有些差異。

分配責任的歸屬

組織中的每位人員對組織整體的周邊視力都有所貢獻，但如果每個人對某一項任務都具有責任，通常這項任務就變成是不屬於任何人的責任。要建構組織架構，最核心的議題是在分配責任的歸屬。組織中由誰負責注意周邊地帶？組織應該如何設計它的「眼睛」，來觀察周邊地帶？可能的方式如下：

一、將責任分派給既有的功能性單位　負責企業發展、競爭分析、市場調查，或科技預測等等的小組，可以擔起掃瞄的任務。風險是，這些企業中間階層的小組，可能狹窄地限制了自己的角色，只在自己最熟知的領域中蒐集、處理資料，而不進行廣泛的掃瞄，也不將其所學得的資訊傳授給他人。

二、動員特別小組　執行長或主管會議可與董事會做成決定，找出對組織來說最緊要的各項議題後，分別成立小組負責。這個過程通常是以情境分析爲導引，找出重要的不確定性，加以更進一步的了解並監控。

三、建立高處的瞭望台　IBM有個一直在運作的機制稱爲「桅樓」（Crow's Nest），針對周邊地帶的特定區域進行掃瞄，並與高層主管分享看法。掃瞄的區域可能包括時程的壓縮、顧客多元化、全球化，以及網絡聯繫。該小組的責任是提升本身的高度，就像船桅上的瞭望台一樣，凌駕於功能性與產品性的藩籬之上，由瞭望員尋找前方的新陸地或暗藏的險礁。

四、設立「改變遊戲」的計畫　爲促進經理人朝向周邊地帶，荷蘭殼牌石油公司於一九九六年成立了其「改變遊戲」的方案。這個方案的設計，是在鼓勵經理人想像核心領域以外的新機會，並檢驗假設。這個方案推出的頭六年間，檢視了四百個想法、進行了超過三十項科技的商品化，並建立了三種新業務⑩。包括紐約人壽（New York

Life Insurance）等其他公司，也推出了類似的計畫，大都也獲得很好的成果。

五、投資新興企業　大部分科技業的大公司都會提撥資金，投資剛成立並具有潛力的新公司，而這個基金可肩負起監控周邊地帶發展的任務。這些投資也許金額不大，但企業足以藉由這筆資金，清楚地觀察出新興的科技與市場。如果新興企業成功了，則大公司可以選擇將其併購。舉例來說，新力公司的創投組合中，就包括了對大約九百家新興公司的投資。

六、外包　企業也可把運用周邊視力的責任，外包給外部的顧問，由他們來對改變公司業務的因素提出見解。雖然這些外部夥伴能對業務提出清新的觀點，但是企業也必須謹愼地進行協調的工作，以確保這些「私家偵探的眼睛」能專注於正確的領域，並且確保資訊能爲組織全體所分享。

建立一致連貫的觀點

本書中已檢視了七個有用的步驟，能改進企業運用周邊視力的程序，以及培養出有利於周邊視力的能力與領導力。然而，正如我們一再提到的，周邊視力牽涉的一整套程序彼此環環相扣。掃瞄會影響範圍的界定，而界定又會影響解讀、探索和行動。雖然我們爲了能清晰地解說，而將周邊視力運作的這些步驟分開來討論，但經理人在實務上所面對的挑戰則非如此。這些步驟是互有關聯的——視覺與行動是即時發生，可供評估與回應的時間非常有限。就人類的視覺來說，了解視覺過程是一回事，將視覺統合以便在籃球場上跳投成功又是另一回事。對組織來說也是一樣。

周邊視力環環相扣的特質，可以以一組互為關聯的問題來想像，如圖八・一所示。我們首先要問的是，必須專注的正確問題是什麼？藉由這點好奇心，組織便開始找出可能的答案，決定必須學習些什麼，並且根據所得的知識採取行動。聰明的組織也會根據過去的盲點或錯失的機會，反省本身的弱點在哪裡。經理人在觀察周邊地帶的同時，必須要問以下的問題：

- 我們該問什麼問題（界定範圍）？
- 我們該如何找到答案（決定掃瞄的策略）？
- 這是什麼意思（理解初步的結果）？
- 我們該做什麼（發展出具有應變彈性的準備措施）？

居於核心的，是決定以何種方式、在何處掃瞄周邊地帶的過程。經由提出並回答這些問題，組織對周邊地帶便有了見解，並可提出新的問題，以便深化周邊視覺。

如圖中中央的部分所示，這個提出問題的過程，是以一組組織上的問題為架構，這些組

圖八・一：探索並了解周邊地帶

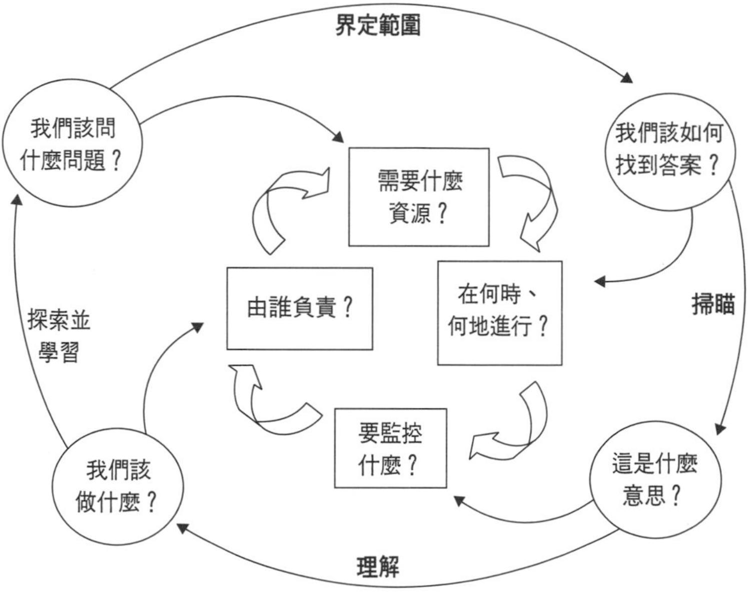

織性的問題包括，要監控什麼？要在何時何地進行？由誰負責？需要什麼資源？這些問題的答案，將決定經理人如何觀察周邊地帶。

最後，組織必須在周邊視力和焦點視力之間取得平衡，以對這個世界發展出一致、連貫的印象，這要由組織——尤其是組織的領導者——將這兩種看待世界的方式加以統合、平衡。領導者將決定，為達成最佳的效果，資源該如何運用，以及有關周邊地帶和焦點業務的見解該如何整合。

最適者生存

你的組織中可能有某個人，知道某個微弱但卻具有潛在重要性的訊息，預示著周邊地帶的變化。但你的組織設計得是好是壞，是否能捕捉並分享到這個見解？我們都有極限——就個人也就組織來說——所能看到的距離有限，檢測周邊地帶訊號並加以因應的能力也有限。不可避免的，某些訊號會被忽視，因爲要辨識出這些訊號，需要有能穿透牆壁的視力。可惜具有X光透視力的超人英雄，目前只存在於科幻小說和漫畫書中。

我們也必須體認到，周邊視力不同於焦點視力。周邊視覺的運作過程，需要不同於焦點視覺的能力與方法。周邊的訊號較不清晰，而這便需要不同類型的注意力。組織的周邊視力並不是自然發生的，需要投入資源與關注來加以改善。

由於周邊視力如此複雜，要取得這項能力沒有簡單的辦法，但我們的研究很清楚地指出，周邊視力是可以運用本書所述的策略和架構來強化的。雖然你無法看穿牆壁，但你可以比競爭對手更迅速地認出即將來臨的事物。

潮水突然往海的方向退流，是即將發生海嘯的前兆，能否及早辨識出這些警訊攸關生死。能有效建立周邊視力的企業組織，將比競爭者具有更多的優勢；他們能盡快辨識出機會並加以利用；他們能避免被市場、科技、法規和競爭者蒙蔽。這些需要靠技巧才能達成，但是隨著環境變化得更快、不確定性更高，具有健全周邊視力的好處，也將愈來愈大。正如達爾文的觀察，「能生存下來的，並非最強壯也非智慧最高的物種，而是最能適應改變的物種。」

附錄A：策略視力檢查

貴企業的警覺性落差有多大？

以下策略視力檢查（評量工具A－1）的設計，是爲了協助管理團隊更了解什麼是周邊視力。此外，問卷針對組織所需的周邊視力，以及組織對環境中微弱訊息的覺知能力，兩者之間的差距進行了衡量。你的需求將視你的策略、事業的特質，以及所處的產業環境而定。你在第7章所指出的五項要件上的實力，決定了你周邊視覺的能力。這項測驗可以由一個人單獨完成，但若能取得多位高級主管或甚至更廣泛的看法，則將顯示出更多的資訊。我們建議採取以下的方式：

一、個別詢問資深管理團隊的成員，請他們回答策略視力測驗中的問題。

二、以一到七來評量程度的高低，就每項問題作答。每位主管先完成第一部分（「需求」）所有的問題，之後才作答第二部分（「能力」）所有的問題。

圖A．一：周邊視力與環境

對周邊視力的需求（環境的複雜性與變化以及策略的積極程度） \ 周邊視力的能力（策略程序、企業文化、組織架構、能力）	低（<80）	高（>80）
高（>96）	脆弱的	警覺的
低（<96）	專注的	神經質的

三、就所有團隊成員的答案中，找出評量分數差異極大的問題項目，並討論可能是什麼原因造成了這樣的差異。

四、觀察全體人員對需求的評分（第D大項）和對能力的評分（第J大項），試著就每一項問題達成共識，找出大家都能認同的評分（如果不可能達成共識，則將成員的評分加總，找出各項問題的平均分數）。

五、將第A、B、C大項的評分加總，得出第一部分「需求」的總分，再將第E到第I大項的評分加總，得出「能力」的總分。

六、利用圖A．一判斷你的組織的屬性是脆弱的、警覺的、專注的，還是神經質的。依照你兩部分的總分，就能找出你的組織在四象限中的定位。「需求」的高低是以九十六分爲界，而「能力」的高低是以八十分爲界。

七、如果你的組織是警覺的或專注的，那麼你目前就不需要做任何改變，不過，組織必須對環境中的改變保持警覺，隨時可能得增加對周邊視力的需求。如果你的組織屬於神經質的，那就應該找出方法提升專注力。如果你的組織屬性是脆弱的，就該積極培養更好的周邊視力，先從本測驗所列出的問題和本書所討論的策略開始著手。

八、請至 www.thinkdsi.com 網站參與我們的調查，並依網站所提供的參考資料，將你的評分與其他一百五十多家企業的評分做比較。

策略視力檢查

貴組織的周邊視力是否需要矯正，端視你目前的能力，以及你的策略、你事業的特性，和所處產業環境對於掃瞄周邊地帶的需求高低而定。

根據以下策略視力檢查所得出的評分，便能評估貴企業是否需要就周邊視力進行改善。請盡可能誠實、完整地回答問題。

評量工具A—1

策略視力檢查

在填寫調查問卷之前，選擇你所採用的觀點：

(A)以策略性事業單位的角度
(B)以部門的角度
(C)以企業組織整體的角度
(D)其他

第一部分：你對周邊視力的需求

A策略的特性

1你的策略焦點	狹隘（受保護的利基）	1 2 3 4 5 6 7	寬廣（全球）
2成長的導向	保守且自然發生的	1 2 3 4 5 6 7	積極且主動爭取的
3需整合的業務數目	很少	1 2 3 4 5 6 7	很多
4對再創造發明的關注	少量	1 2 3 4 5 6 7	大量（三年內，百分之五十的營收必須是由新產品所創造）

B所處環境的複雜性

1產業結構	少類，很容易辨識誰是競爭者	1 2 3 4 5 6 7	多元，許多競爭者來自想像不到的領域
2通路結構	簡單且直接	1 2 3 4 5 6 7	長而複雜的通路夾雜
3市場結構	疆界固定且區隔單純	1 2 3 4 5 6 7	疆界模糊且區隔複雜
4採用的科技	少量且成熟(簡單的系統)	1 2 3 4 5 6 7	多種科技整合而成（複雜的系統）
5法規（聯邦、州政府與其他法規）	項目少或變動少	1 2 3 4 5 6 7	項目多或變動快速
6產業的曝光率（媒體的關注）	大都被忽視	1 2 3 4 5 6 7	被媒體或特殊利益團體密切注意
7對政府基金與政治管道的依賴度	低：運作大都獨立於政府之外	1 2 3 4 5 6 7	高：對政治與支援經費敏感
8對全球經濟的依賴度	低：以國內市場爲主且與外界隔離	1 2 3 4 5 6 7	高：受全球狀況影響

C所處環境的變化

1過去三年中受意料之外的事件高度影響的次數	零次	1 2 3 4 5 6 7	三次或三次以上
2過去預測的準確度	高：與實際狀況差距很小	1 2 3 4 5 6 7	低：與實際狀況有很大的出入
3市場成長模式	緩慢且平穩	1 2 3 4 5 6 7	快速且不穩定
4成長機會	過去三年間大幅減少	1 2 3 4 5 6 7	過去三年間大幅增加
5科技改變的速度與方向	可預測	1 2 3 4 5 6 7	不可預測
6關鍵競爭對手、供應商、夥件廠商的行為	非常可預測	1 2 3 4 5 6 7	非常不可預測
7重要對手的態勢	和平共存的態度	1 2 3 4 5 6 7	具敵意（有侵略性）
8對總體經濟力量的感受度	對價格改變、幣值、商業循環、關稅的敏感度低	1 2 3 4 5 6 7	對價格、幣值、商業循環、關稅的敏感度高
9對金融市場的依賴	低	1 2 3 4 5 6 7	高
10顧客與通路商的權力	低	1 2 3 4 5 6 7	高

11對社會改變的敏感度（時尚流行、價值觀）	低：大部分從以前到現在緩慢地改變	1 2 3 4 5 6 7	高：商業模式瓦解或改變的機會很高
12未來五年內營運嚴重中斷的可能性	低：預期幾乎不會發生意外；大部分都是我們能力範圍之內可以處理的事	1 2 3 4 5 6 7	高：預期將有多次業務上的動盪，而我們並不清楚特別是哪些事

D自我評估對周邊視力的整體需求

1今日（目前）	低	1 2 3 4 5 6 7	高
2過去五年間	低	1 2 3 4 5 6 7	高
3未來五年間	低	1 2 3 4 5 6 7	高

第二部分：你在周邊視力上的能力

E領導力的定位

1周邊地帶對企業領導者議程中所佔的重要性	低順位	1 2 3 4 5 6 7	高順位

2期間觀點	強調短期（兩年或兩年以內）	1 2 3 4 5 6 7	強調長期（五年或五年以上）
3對組織周邊地帶的態度	注意有限且短視（很少人關心）	1 2 3 4 5 6 7	積極且好奇（有系統地開採周邊地帶）
4測試和挑戰基本假設的意願	大都持辯護、防衛的心態	1 2 3 4 5 6 7	非常願意測試重要的假設前提或廣泛認同的觀點

F策略的制定

1運用降低不確定性策略經驗（即實質選擇權）	有限	1 2 3 4 5 6 7	廣泛
2運用情境思考來引導策略程序	不會	1 2 3 4 5 6 7	經常
3形成聯盟的夥件廠商數目	很少	1 2 3 4 5 6 7	很多
4策略程序的彈性	僵固，以時間表爲運作和預算的依歸	1 2 3 4 5 6 7	有彈性，以議題爲導向的程序

5投入於掃瞄周邊地帶的資源	不足一提	1 2 3 4 5 6 7	規模龐大
6將顧客與競爭者資訊整合至未來科技平台與新產品發展計畫的程度	拙劣且零散地整合	1 2 3 4 5 6 7	有系統地且完全地整合

G知識管理系統（尤其是競爭分析／顧客資料庫）

1有關周邊地帶事件與趨勢的資料的品質	拙劣：涵蓋有限且常時效性不足	1 2 3 4 5 6 7	卓越：涵蓋廣泛且時效性高
2超越組織內部藩籬而取得資訊的難易度	困難：不知道內部有哪些資料可用	1 2 3 4 5 6 7	相當容易：人員廣泛知道組織內部有哪些資訊可用
3既有業務資料庫的使用程度	有限	1 2 3 4 5 6 7	廣泛
4資料庫開採與知識萃取的科技	老舊且難以使用	1 2 3 4 5 6 7	先進的諮詢系統

H組織配置（結構與誘因）

1對於微弱訊息的覺知與因應行動的責任歸屬	沒有負責人	1 2 3 4 5 6 7	責任清楚地交付給計畫小組或專責團隊
2早期預警系統與程序	無	1 2 3 4 5 6 7	廣泛且有效
3鼓勵與獎勵廣泛視野的誘因	無	1 2 3 4 5 6 7	高層主管的認同與直接的獎勵

I企業文化（價值觀、信念與行爲）

1聽取周邊地帶偵測報告的意願	封閉：不鼓勵傾聽	1 2 3 4 5 6 7	開放：鼓勵傾聽
2與顧客接觸的人員呈報市場資訊的意願	低落	1 2 3 4 5 6 7	極高
3跨部門分享周邊地帶資訊的程度	低落：資訊被忽略或被藏匿	1 2 3 4 5 6 7	極高：持續不斷地跨層級分享資訊

J自我評估周邊視力的整體能力

1目前——今日	低	1 2 3 4 5 6 7	高
2五年前	低	1 2 3 4 5 6 7	高

策略性視力檢查結果比較

在設計策略視力檢查時，我們參考了許多資料，包括我們本身針對評鑑組織能力的研究，特別是有關覺察市場狀況與處理不確定性的能力（其中某些部分附錄B將有所描述）。我們所發展的評量等級，是爲了克服調查度量標準上一向存在的問題所設計的，這指的是，不同的問卷調查回應者在回答問題時，所考量的內容可能不同。我們在每一項評量等級的兩端，加上了明確的解說，協助回應者了解我們的意思，也讓所有回應者的回答侷限於同一架構。

我們設計了這份評量工具，以便符合問卷在建構效度（construct validity）、內部一致性（internal consistency）與外在效度（external validity）上的常規①。爲了進一步了解此調查的基礎架構，我們曾對一百五十多名來自各個不同企業的經理人，進行策略視力檢查，他們都是參與華頓學院與在歐洲工商管理學院（Insead）的管理發展中心（Cedep）主管計畫的企業經理人，此外，我們也對五十位來自著名的全球製造企業的資深主管進行測驗（以評估公司內部的檢查結果）。

這份策略視力檢查具體展現了我們的兩項中心概念——「需求」與「能力」——並且列出了多重的項目，儘管其中的項目有些重疊和相關。我們保留了多重的項目，因爲我們承認「能力」和「環境」兩者牽涉了多重的面向，而這些面向都是緊密鑲嵌、彼此交織的。不過，標準的最大變異數旋轉因素分析法（Varimax rotation factor analysis），確認了這些層面彼此之間並沒有太強的重疊性。這顯示並不存在一種明確的基本結構，只運用少數基本的因素就能把環境或能力解釋淸楚。環境和能力都很複雜，牽涉到多重的變數。因此，我們認爲最好保留許多項目，以呈現周邊地帶的許多面向與複雜性。我們也加入了第D大項（「需求」部分）與第J大項（「能力」部分），以便更全面地衡量，比較今昔未來的不同。

最有趣的發現是以個別的「需求」與「能力」項目，相對於受試經理人在「需求」與「能力」的整體判斷，所做的迴歸分析。以統計上的顯著性來排列，未來五年間對周邊視力整體的「需求」（D3）最相關的項目如下：

- C12：未來五年內營運嚴重中斷的可能性（以七分爲總分的平均數爲四・二，但標準偏差爲一・五）（$p < 0.007$）
- A4：對再創造發明的關注（$p < 0.02$）

- C6：競爭者的行爲（$p<0.06$）
- B7：對政府基金的依賴（$p<0.08$）

與目前周邊視覺「能力」（J1）最爲相關的重要項目爲：

- E3：（領導力）對於周邊地帶的態度（$p<0.004$）
- I3：資訊的分享（$p<0.05$）
- H3：鼓勵與獎勵廣泛視野的誘因（$p<0.05$）

本書的內容——尤其是針對形成周邊視力的要件的討論（第7章）——反映了這些相關項目。

附錄B：研究基礎

這篇附錄摘要說明了本書提供之方法的學術基礎和背景①。就我們所知，沒有一種普遍被接受的模型可解釋組織中的周邊視力，因此我們綜合了多項學術領域的看法和見解②。我們採用的看法來自許多科目，其中包括決策、行銷、策略、組織理論和經濟學，以及屬於應用的科目，像是情境規畫、競爭分析、市場研究、環境掃瞄和科技預測。

我們就周邊視力所建立的概念性模型，根據的是組織學習的特定觀點，如圖B・一所示。這個模型描述了組織學習的實況，而本書將此模型視爲準則③。我們處理組織學習這個議題時，整合了有關發展新知識和發展整合性看法的標準模型（normative models），以及有關個人與組織實際上是如何處理資訊的描述模型（descriptive models）④。

我們整體上採取的是直截了當的方法。我們假設個人就是組織的神經末梢，而最後由組織內部的程序，決定將關注於什麼議題。個人、小組單位和組織各層級中存在了重大的挑戰，

圖B・一：周邊視力作爲一種學習的過程

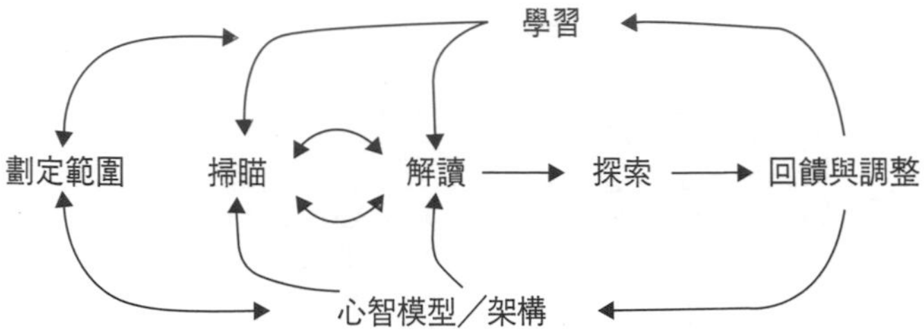

必須在對的時間將對的議題浮現檯面。爲了理解這些議題，我們整合了個人層次上的判斷和選擇偏見，以及企業層次上的組織性和策略性動力。我們以兩個智識上的典範，作爲我們看待周邊視力的方法基礎。第一個是個人與組織決策上的資訊處理典範，第二爲互補性的學習典範，可檢視複雜的企業適應環境的能力的好壞。讓我們簡單地分別回顧這兩個典範，再說明兩者與我們所提出改進周邊視力的特殊模型的關聯。

資訊處理典範

自從發展人工智慧的先驅艾倫・紐威（Alan Newell）與赫伯特・賽蒙（Herbert Simon）有關人類解決問題的經典研究發表以來，許多專精於管理行爲的學者，偏向於採取資訊處理的觀點，來看待組織的決策⑤。在李察・西爾特（Richard Cyert）與詹姆士・馬奇（James March）以及之後馬奇與約罕・歐爾森（Johan Olsen）和許多其他學者的經典著作中，都將這個典範應用在組織上⑥。詹姆士・湯普森（James Thompson）、約翰・史坦伯納（John Steinbruner）與傑・高伯瑞斯（Jay Galbraith）採用了神經機械（cybernetic）的看法，試著解釋於各類市場、各個時期所觀察到各式各樣的組織性設計形式⑦。喬治・胡伯（George Huber）也同樣使用這個模型，來了解組織決策與策略⑧。多虧有紐威與賽蒙的學術貢獻，將資訊處理典範運用在個人層次的分析上，也有傑出的成果，而在這樣的觀點下，認知心理學家將人腦想像爲一部電腦，其資料儲存、讀取和計算的功率都有所侷限⑨。丹紐・卡恩曼（Daniel Kahneman）與阿默斯・特佛斯基（Amos Tversky）針對判斷和選擇的過程中，搜尋和預測的過程所做的研究，便是以此方法爲基礎⑩。認知心理學的主題，在於人類理解過程中捷思（heuristic，譯註：捷徑式的思考，直接根據過去的經驗判斷，或針對過去的錯誤修正）的特質，不過，情緒和認知兩者在意識和潛意識層次上的相互影響，仍有更深層的議題尚待解決。

資訊處理典範提出了四個關鍵的階段：理解、判斷、行動和回饋，可應用到周邊視力的議題上。就組織來說，相對應的過程包括資訊的取得、資訊的傳播、共同的解讀、協調的行動，和整體的學習。我們可以以這個架構爲主軸，就不同的學習類型（是適應性的還是創造性的學習？）、階段的數目（資訊傳播是解讀的一部分嗎？），以及心智活動的作用（是要辨識出模式？還是有目的地建構？），創造出許多不同的組織行爲過程。許多存在已久的研究問題仍未解決，包括每一階段夾雜了刻意與無意識的認知過程，捷思與偏誤（heuristics and biases）的影響，以及基模組（schemata）、心智模式（mental models）和其他用於解讀的簡化架構所扮演的角色。

我們體認到從周邊地帶中學習，與從組織焦點領域中學習不同，因此將基本的過程加以延伸，明白地將界定範圍（決定要看哪裏）視爲資訊取得或掃瞄階段的前一個步驟。在原本界定的範圍內掃瞄，性質可以是被動的也可以是主動的，端視組織是要等待訊息自行傳來，或是進行有目標性的探究。下一個步驟是資訊的傳播和解讀，以便找出有用的見解，然後必須評估該馬上使用資訊，或是應加以儲存或忽略，最後，不論採取的是什麼行動，都必須從中學習。每一階段的過程，都是由深藏於組織內部的心智模式和思考架構所引導。

組織學習典範

我們形塑有關周邊視力的論點時，所參考的第二項智識上的重要觀點是組織學習典範，此典範有許多前提，並且與前述的資訊處理觀點有許多相交點。彼德・聖吉（Peter Senge）的《第五項修練》（*The Fifth Discipline*）一書的出版可算是一個轉折點，此後讓更多經理人體認到學習焦點的重要⑪。聖吉的觀點是以科特・李文（Kurt Lewin）、愛德格・雪恩（Edgar Schein）、詹姆士・馬奇和其他學者之前的研究爲基礎，他將這些看法與其他觀點——尤其是系統性思考的重要性——組合成一個完善的學習組織觀點。約翰・史特曼（John Sterman）、克利斯・阿奇利斯（Chris Argyris）與其他學者的相關研究，則更進一步將組織學習形塑爲一個明確的智識觀點。基本觀點是，在動態的環境中學習是個複雜的過程，而非簡單或自動的⑫。模稜兩可的回饋、延宕的反應、多重而局部的因果關係、自利歸因（self-serving attributions）的作用、遺缺的資料、處理效果、隨機的雜訊，和控制的錯覺，都有損組織試圖去理解發生事件的內容和原因。

當我們將周邊訊號模糊不清與可能性低的特性加入考慮之後，問題又更加複雜。希爾・殷紅（Hillel Einhorn）與羅賓・何高士（Robin Hogarth）以及其他學者指出了，當人們面對風險未知的選擇時，會強烈排斥含糊的狀況⑬。人們寧可選擇他們已熟知的魔鬼，而不喜歡未知的麻煩，如此一來，人們不會在高度模糊的環境中駐足，也不會從中好好學習。這個偏差在組織上來說可能更嚴重，理性和可預測性是企業所期待甚至是渴望的，然而新的機會通常牽涉到高度的不確定性，因此需要對模糊的狀況有更高的容忍度。要設計一個能在複雜環境中學習的企業文化，所需要的管理原則和價值觀，可能與專注在極大化的主流組織所需要的不同。因此，組織中學習型文化和表現型文化之間便出現了衝突，資深管理階層則必須找出適當的平衡點。

爲了彰顯學習對改善周邊視力的重要性，我們的模型包含了多重的反饋迴路。我們試著描繪出人們與組織所要經歷的複雜步驟，從最初的刺激到最後的反應，其中牽涉到許多反覆循環的學習。我們在書中對每一階段與反饋迴路的說明，參考了各種領域的看法和解決方法，包括決策科學、組織理論、策略、行銷和社會學。這些學科雖然已就個人和組織的學習進行了廣泛的研究，但其所發展出來的建議，可能不足以引用到周邊地帶的學習，因為根據定義，對周邊地帶的關注和推論本來就非常有限。因此，我們把以上所述領域的建議，視為名目上的指標，能提供的指導有限。

學習過程的階段

我們的研究廣泛參考了有關資訊處理和組織學習的研究，此外，我們也參考各類領域對學習過程的每一階段的理解和說明（見圖B・一）。

界定

觀察範圍的界定該有多廣？所謂周邊視力，是從組織的焦點領域之外較廣義的範圍來界定，因此也就意味著必須對組織常忽視的許多領域加以注意。組織的挑戰是，必須考量廣泛關注所需的成本，將範圍擴大到剛好足以包含環境中所有相關的部分，不多也不少（見圖B・二）。總而言之，環境的不確定性愈高，來自周邊地帶的威脅的可能性就愈高，而所需劃定的

圖B・二：手電筒還是雷射光：範圍和強度的消長

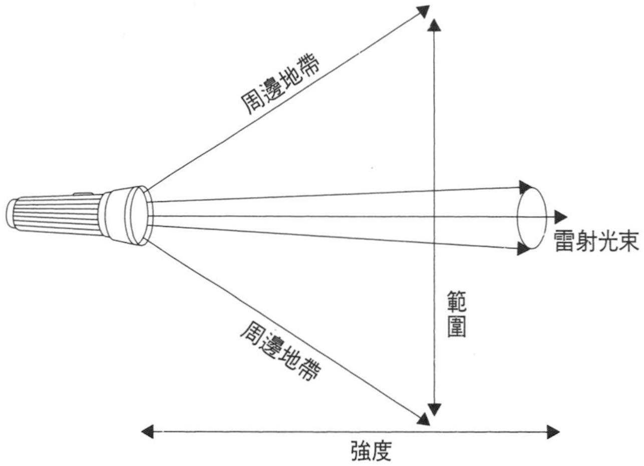

範圍也就愈廣。

界定範圍與掃瞄的決定，以及經濟學和作業研究對於搜尋規則的廣泛研究，兩者之間有重大的平行關係。喬治・史蒂格勒(George Stigler)於一九六〇年代早期所撰寫的幾篇基礎文章中，檢視了消費者爲某項常見物品詢價、試著找出最優惠的價格的這個例子⑭。他假設這項商品在不同商店的價格差異，符合某已知的機率分配，然後計算消費者應該隨機到多少家商店詢價，才能找到最好的價格。在實際出發詢價之前，史蒂格勒計算最適當的商店數，當再多去一家店的邊際成本，超過了價格減少的預期效益時，就得出了最適點(optimal point)。其他學者擴充了史蒂格勒的研究，認爲如果消費者事先就承諾，要隨機地造訪一定數目的商店詢價，則是一種次佳（suboptimal）的作法⑮。因爲固定的最適點，是在假設價格差異的機率分配已知的情況下所推算出來的，詢價的過程中，能發覺最新的資訊，替換了先前的機率分配。因此，最適的策略是，每在一家商店中詢得價格後，便重新調整詢價策略，符合貝式定理（Bayesian）的更新過程。當然，這個具有彈性的搜尋規則更加複雜，但效果也更好。

界定和掃瞄的任務相似又相關。最初設定範圍時，根據的是當時所能得到的最佳資訊——這裏指有關外部環境中相關訊息的機率分配的資訊。企業在界定的範圍中進行掃瞄後，便能從樣本中得知，有關訊息相對於雜訊更確切的比例，進而便應該調整掃瞄的範圍。只要樣本資料與事先假設的密度函數（density function）有嚴重的出入，就該持續調整範圍的界定。最理想的搜尋需要的是可變通的規則，而非固定的規則。

我們甚至可以說，企業採集樣本時必須超越其最適的範圍，以便確認其範圍的界定是否恰當；企業在界線以外找到的訊息，相對於雜訊的比例必須很低，若得出的比例很高，就表示企業必須重新設定範圍。所有的範圍界定都應該是暫時性的，得到新的資訊後就必須加以調整。低的訊息雜訊比，使我們很難爲持續更新的這個過程建立模型。這就像專門爲可能性低的事件提供保險的保險公司（例如百年一見的洪水、極端的地震，或核能電廠癱瘓等事件）所面臨的問題一樣——這些保險公司試著根據罕見災難的發生機率，更新他們的承保模型。

到最後，我們還是得仰賴資深經理人的判斷。

在設定學習的範圍時，組織需要進行初步的環境評估，以判斷相關的威脅和機會可能從何而來。進行以未來情境爲基礎的策略性規畫，有助於範圍的界定，也能協助組織理解來自周邊地帶的訊息，並且幫助組織採取因應的行動⑯。這個策略性規畫的過程，有助於組織針對時間架構、市場觀點、科技前景、政經議題、法律和環境以及其他因素的考量，決定最大的相關範圍。

掃瞄

一旦範圍界定了，便隨著掃瞄的進行開始學習。掃瞄的焦點可以是以利用或以探索爲目的⑰。以利用爲出發點的心態，是在一個定義明確並且相當熟悉的區域中，進行有目標性的搜尋。相反的，探索性的掃瞄所強調的周邊地帶更爲偏遠，並且是以強烈的好奇心爲動力，而這種動力是學習型組織的典型特質⑱。此處出現的挑戰是，組織必須擁有開放的心態和寬廣的觀點。

探索性的掃瞄可以是主動的，也可以是被動的。在被動的狀態下，管理團隊升起天線、守株待兔地等待接收外在的訊號。組織使用這個方法，雖然看起來好像隨時掌握了周邊地帶的脈動，但卻不一定眞的如此，因爲大部分的資料仍然來自熟悉或傳統的來源，這種掃瞄的狀態多半強化了——而非挑戰——先入爲主的想法。持被動立場的風險是，出乎意料以外的微弱訊息會被過濾掉，甚至根本沒接收到。

採取主動掃描的組織對於正在探索的周邊地帶，抱有特定的問題，想藉掃描找出答案。這種掃描是以假設爲動力，如果牽涉到的是複雜的議題，就必須檢定多元的假設⑲。採取主動掃描的組織，比較可能雇請公司內、外的團隊，運用廣泛的方法專門進行搜尋。

探索性的掃瞄涵蓋的範圍較廣但較不重細節，能對寬廣的世界進行有效率的大幅度掃瞄。相反的，以利用爲目的的掃瞄必須更具深度，並需要更多相關的資源，以便深入地開採資訊。以探索爲目的與以利用爲目的的掃瞄，兩者之間正確的平衡點在哪裡？可採取的一種方法是對畫面的細節和全貌**都**加以注意，以從上往下鳥瞰的方式，找出需要更多關注的區域。這樣的策略需要資源，以便能從焦點視野以外更遠的區域中學習，同時，這個策略也必須具備一種機制，能在需要時集中注意力（第三章所討論的聯邦調查局使用的「散射視覺」〔splatter vision〕就是一例）。

我們針對周邊地帶不同部分的掃瞄方法的討論，引用了多種參考資料：

- **顧客與通路** 喬治·戴伊（George Day）的《市場驅動型組織》（*The Market-Driven Organization*）一書，綜覽了各類覺察顧客與通路變化的方法，並參考了其他學者的研究⑳。譬如說，積極在市場範圍的周邊地帶尋找新產品機會的企業，可能會運用先驅使用者分析法（lead-user analysis）、隱喻誘引技術（metaphor elicitation），和其他技巧，讓潛在的需求浮上檯面。傑若德・查爾曼（Gerald Zaltman）提供了各種方法來找出潛在的需求㉑。

有愈來愈多的研究發現，以市場爲導向的企業，獲利通常比競爭對手更高，這個結論早已經過各種衡量方法的證實㉒。一項研究發現，市場驅動型的企業比以自我爲中心的企業，獲利率高出百分之三十一，而那些以顧客爲導向但並未注意競爭者的企業，獲利率也比以自我爲中心的企業高出百分之十八㉓。

● **競爭者與互補者** 關於競爭分析的文獻很多，大部分（而且很合理地）都是有關了解焦點競爭者的能力和意圖㉔。我們便從這些研究出發，更進一步地討論周邊地帶的競爭者。

● **科技** 掃瞄和發展新興科技的策略很多。我們的討論根據了《華頓新興科技管理報告》（*Wharton on Managing Emerging Technologies*）中，所記載不同領域的學術專家和實務界人士的看法，而此份報告根據的是華頓商學院馬克科技創新中心（William and Phyllis Mack Center for Technological Innovation）的研究㉕。

解讀

企業組織原則上應該比個人更能有效率地發展有關微弱訊息的多重假設，然而很不幸的，組織的理解過程通常被導向單一的意義。我們如何解讀訊息，深受心智模式或心態架構所影響，而這也將連帶影響我們是否能更進一步地提出假設和進行探究。因此，對周邊地帶認知上的挑戰比焦點地帶的認知挑戰更大，因爲周邊地帶可用的資料較少，卻有更多的機會形成偏見和扭曲事實，讓我們失足犯錯。例如，要評估周邊地帶的潛力或威脅，我們的心智模式就可能需要有所改變。我們須做好準備，以創意的方式向前躍進，在事前就對各種可能進行腦力激盪。在這個區域處理資訊所需要的過濾方式，必須比我們在焦點區域中使用的過濾方式，更有彈性、更不拘於形式才行。

諷刺的是，對周邊地帶進行有創意的解讀時，最大的阻礙之一，是我們熱切地希望在天性模糊的畫面中，強加太多的秩序。由於人不喜歡模稜兩可的狀況，我們經常很快地就鎖定要採取某一種世界觀。一旦受到這個枷鎖的束縛——就如同突然聚焦於對幻影的某種解讀——便很難將過程反轉，而看不見我們已解讀的畫面。暫緩聚焦或延遲判斷並游移在各種觀點之間的能力，是解讀周邊地帶的關鍵。組織常想在一個原本即充滿雜訊的環境中硬找出意義，比較好的作法應該是發展多元的觀點。

探索和行動

雖然組織需要更廣泛地進行觀察、解讀，但也需要更謹慎地對周邊地帶的資訊採取行動。正如第5章與第6章所討論的，因應周邊地帶的微弱訊息有三種基本的方法㉖。

- **觀望與等待**　當資訊互有衝突，或當企業有本錢，可當一名迅速的追隨者（fast follower）、讓其他企業打頭陣時，採用這個被動的方式便很恰當。正如康斯提諾斯·馬凱斯與保羅·哲羅斯基指出的，身爲「快速的第二名」（fast second）所得到的財務報酬，有時比先發者要高㉗。然而，這個老二哲學不能使用過度，否則將成爲忽視外部發展的藉口，這會使企業組織成爲遲緩的追隨者。眞正的挑戰是要針對各個微弱訊息，檢視其潛在的影響和附帶的潛力。這便需要由熟悉該情況的人進行概念性的辯論，並且當情況複雜時（也就是說，其中牽涉了多重的不確定性，並連帶影響下游的決定），便可能需要以決策樹分析法（decision tree analysis）進行分析。進一步行動所發現的，或時間一久所自然獲得的新資訊，其價值則可以採取較爲嚴謹的方式來評估㉘。
- **探索與學習**　當不確定性降低或是按兵不動的成本增加時，則需要較爲積極的作法㉙，包括以先進的研究方法，進行有目標性的市場探索，以及協商實質選擇權的約定，以確保對某項新興科技保有優先取捨的權利㉚。這些作法的目的是要創造或取得實質選擇權。當選擇權一旦創造出來後，還得花時間和心思來評估這些選項，不過，組織一般都不會因創造大量和多樣的選擇權而受害。反而是，企業通常因創意選項不足而受害。我們無法在此回顧所有有效的腦力激盪、創造力或創造選擇權的技巧，但這些方法能大大地爲你擴充可能的選擇㉛。

- **相信與領導** 當組織有足夠的證據相信，所面對的機會非常難得，或是威脅迫在眉睫時，組織就必須全心全意地投入。要爲選擇這種風險較高的攻勢辯護，則需要周邊地帶的訊息都朝這一結論聚合，並且支持有利於大膽行動的假設，此外，也需要根據周邊地帶模糊不清的資訊，評估採取行動——或不採取行動——的風險。

組織不論採取這三種態度的哪一種，都需要發展彈性應變的能力。有助於提高行動迅速和彈性的方法包括：創造「感應與回應」(sense-and-respond) 的管理風格；藉由快速製造產品原型、進行小規模的實驗、建構資源網絡來排除風險；當針對周邊地帶行動時，採用實質選擇權的概念（發展多項選擇權，而不是只對單一項目投下大筆的賭注）；訓練組織的靈活度。

學習與調整

一旦我們採取了行動並開始得到回饋，便會出現學習和調整的機會。嬰兒藉由伸出手觸摸他們看到的東西，來調整他們的視力和行動。組織的行動、理解和反應三者間的互動，將改善組織對環境的了解。組織依照所接收到的回饋種類不同，對於環境的深層印象可能就需要調整，也可能需要移動組織的焦點視野。

由於組織理解和決策的過程受經理人心智模式高度的影響，在周邊地帶學習可能也需要這些心智模型更深層的改變才行。與其綜合各種分析法、以直線思考的方式來解決明確的問題，周邊地帶的學習需要運用「水平思考」(lateral thinking)的方式、提出否證性的問題(disconfirming questions)、依賴直覺，並透過多重的鏡片來審視資料。這便需要持續不斷地進行界定、掃瞄、解讀、行動、學習、調整的循環過程，藉由這一個過程，個人與組織才能定義與移動他們的視野。這中間有許多反饋迴路，絕非直線進行的過程。最後得到的結果，是對目前周邊地帶有更好的了解，並且在需要時，能將邊陲地帶移到視覺的中心。

警覺性高的組織

能力是許多技能、科技，以及經年累月的學習緊密整合的結果，這些都深深地嵌在組織中，無法轉賣或被人模仿㉜。本書對機警的組織的討論，奠基於我們發展的策略視力檢查，以及針對組織重要特質的各種研究——這些研究的對象包括了處於步調快速的環境中的企業，或是以學習爲目的的組織㉝。大衛・迪龍（David DeLong）與萊恩・費伊（Liam Fahey）曾對企業文化的重要性和企業文化的許多面向進行討論，包括價值、規範、心智模式和行爲㉞。不同形式的組織文化各有其利弊得失，每一種都具備不同的機制，以處理有關市場環境改變的資訊，並就此資訊採取行動㉟。

其他相關的書籍

最後，我們的研究參考了許多不同的管理學書籍，這些書籍以好幾種不同的角度看待周邊地帶（包括從競爭分析、市場調查、環境掃瞄、科技預測等等的觀點）。一些暢銷書也強調了觀察周邊地帶的重要性，包括克雷頓・克里斯汀生（Clayton Christensen）的《創新者的兩難》（*The Innovator's Dilemma*）、安迪・葛洛夫的《十倍速時代》，以及理查・佛斯特（Richard Foster）與莎拉・凱普蘭（Sarah Kaplan）的《創造性破壞》（*Creative Destruction*）㊱。葛拉威爾（Malcolm Gladwell）的暢銷書《引爆趨勢》（*The Tipping Point*），就對邊陲性的產品、想法或信息像傳染病一樣，藉由非正式的人脈關係席捲社會的相關現象，進行了探討㊲。其他的書籍，包括韋恩・柏肯（Wayne Burkan）的《增加業績新策略》（*Wide Angle Vision*）、班・

吉拉德（Ben Gilad）的《早期警告》（*Early Warning*），以及吉姆・哈利斯（Jim Harris）的《攻其不備》（*Blindsided*），也都就這個主題的多項層面進行了討論㊳。

也有許多學術著作討論了相關的主題，像是朱全威（音譯）（Chun Wei Choo）的《聰明企業的資訊管理》（*Information Management for the Intelligent Organization*）、卡爾・韋克（Karl Weick）的經典著作《組織中的理解力》（*Sensemaking in Organizations*）、韋克與凱瑟琳・薩特克列弗（Kathleen Sutcliffe）較近期的著作《管理意外》（*Managing the Unexpected*）㊴。哈利迪摩・卓卡斯（Haridimos Tsoukas）與吉兒・雪伯（Jill Shepherd）的《管理未來：知識管理的遠見》（*Managing the Future: Foresight in the Knowledge Economy*）㊵一書中，收錄了有關微弱訊息和理解的有趣論文。提摩西・納福塔利（Timothy Naftali）的《盲點》（*Blind Spot*）㊶一書，是有關政府出現盲點的歷史記錄，以及背後不同的原因。這本涵蓋廣泛的書，檢視了爲什麼國安人員在事前，忽視了包括有關慕尼黑奧運選手村暗殺事件（一九七二年）、貝魯特美國海軍陸戰隊總部的爆炸案（一九八三年）、九一一事件（二〇〇一年）等等悲劇發生之前的警訊。他也描述了某些被適時阻止的事件，像是對艾森豪（Eisenhower）總統的暗殺未遂（一九四四年），以及以洛杉磯千禧年慶祝活動爲目標但幸未得逞的恐怖攻擊計畫。

克雷頓・克里斯汀生、艾力克・羅斯（Erik Roth）、史考特・安東尼（Scott Anthony）最新的著作《創新者的修練》（*Seeing What's Next*, *Clayton Christensen*），重點在於幫助個別的

經理人，針對可能阻斷其企業發展的科技變革，做好預先的準備[42]。《創新者的修練》辨識出產業中斷的特定模式，而我們這本書則檢視了組織若要辨認這些模式，或在其所處的環境中辨認出其他重要的改變時，所需要具備的作業程序和能力。麥克斯．貝瑟曼與麥可．華金斯最近出版的《可預料的意外》，探討了某些認知的和社會的狀況，如何導致訊息被人忽略。金偉燦與莫伯尼的《藍海策略》則強調了發展邊陲市場空間的契機，而這個機會卻常被一般產業人士所忽視[43]。其他如傑瑞．溫德（Jerry Wind）與柯林．庫魯克（Colin Crook）的《超凡的思維力量》（*The Power of Impossible Thinking*）等書，則強調了心智模式的力量，此力量形塑了我們在工作和生活中能看到的——或看不到的——機會[44]。

以上所提到的書籍，只不過是各種資料來源的一部分，不僅供我們參考，並啓發了我們於各章節的討論。這篇文獻回顧並不完整——當所牽涉的題材是如此廣泛而無結構的周邊地帶時，也幾乎不可能完整——然而我們希望藉由對背景資料的概略介紹，對協助我們了解這項主題的豐富文獻表示感謝，並且爲想深入探討的讀者指出一個方向。

附錄C：以視力爲喻的補充說明

比喻的目的是以類比和想像的方式，適當地凸顯某個現象的特色。我們都知道視覺牽涉的複雜過程，超越了眼睛的硬體構造，而涉及了腦部的複雜軟體。藉由類比，我們將組織視爲複雜的個體，其理解的過程是經由資訊輸入的機制所傳導，將各種訊號綜合成意義。在本書中，我們以周邊視力爲比喻，探索了這個複雜的過程，就讓我們檢視這個比喻的明顯之處以及先天上的侷限。

大部分的人在聽到**周邊視力**一詞時，都將它想成與眼角餘光的覺知有關。眾所皆知這種視覺是不精確的，譬如驚鴻一瞥，而且大都是以無意識的過程，決定了我們是否要轉頭多加注意某個周邊訊息。由於我們周邊的視網膜接收到的刺激如此之多，我們幾乎無對每一個刺激都給予注意。哪些事物值得多加留意，是在腦中深處做成的決定，這個過程受制於策略性的忽視（strategic override）。然而，舉例來說，當我們在車水馬龍的都市中行車，我們可以一開始就提醒自己，除了汽車和摩托車以外，也要注意正在跨越馬路的自行車、兒童或小動物。如此一來，我們可以建立一個策略性的覺察範圍，這不僅能影響我們視覺的孔徑（aperture，我們所看到的範圍寬窄），也影響了哪些周邊訊息將進入我們的意識層面。

視覺如何運作

體認到注意力中心（焦點區域）的視覺與周邊地帶的視覺不同，是很重要的，正如圖C·一所做的歸納指出，訊息的性質、解讀的準確性以及其他視力上的特點，都不盡相同。眼睛的構造中，焦點和周邊視力各由不同的神經受體（receptors）負責，各有不同的長處和弱點。生理上來說，視覺的過程始於桿狀和錐狀細胞的活化作用（activation），兩種細胞都能感光，但方式不同。錐狀細胞（使用於焦點視力）提供的是具有實際色彩的清楚影像，而桿狀細胞（使用於周邊視力）則是色盲（這是爲什麼我們在昏暗的情況下無法分辨顏色）。人類具有紅色、藍色、綠色的錐狀細胞，用來吸收不同波長的光線。桿狀細胞不提供精確的影像，但具有在前哨偵察的作用，持續不斷地觀察有哪些訊息值得進一步注意。

硬體只是整個故事中的一部分，視覺是一個複雜過程運作後的結果。當光線進入眼睛，無以數計的桿狀和錐狀細胞直接反應而沒有多加過濾①。在視野中所形成的最初影像，可以比作電腦螢幕的光點，具有不同程度的亮度。接在最初的感知循環之後的，是要找出意義的

圖C・一：焦點視力與周邊視力之不同

焦點視力	特質	周邊視力
強而穩定的訊號（能見度與可信度高）	訊號的特質 ←→	微弱且間斷的訊號（能見度低、出人意外）
訊號強／雜訊低	訊號／雜訊比例 ←→	雜訊強／訊號低
很多，在網絡中連結周密	訊息受體 ←→	很少，四散各處連結不佳
落於風險與不確定的領域中	訊號的不確定性／模糊程度 ←→	落於含糊或混亂的領域中
根據過去經驗形成常見的解讀	在訊號間看出模式的能力 ←→	存在許多有可能的、似乎有道理的解讀，難以「將點連成線」
高（利用共享的假設）	說明的正確度 ←→	低（很少特定假設可供使用）
有利於敏銳度（看得清楚）	比較優勢（人類視覺） ←→	有利於觀察行動及夜視（觀察周邊）
績效的關鍵（績優組織）	比較優勢（對組織） ←→	開發的關鍵（學習的組織）
策略與行銷層面	組織中被理解的程度 ←→	未知領域

第二波段，就像自動對焦的相機試著從許多光點中找出一個目標。這第二個循環真的是主觀的，反映的是個人的預期、希望與恐懼，非常依賴樣式辨認（pattern recognition），而樣式辨認的功能就好像是一種心智軟體。如果你日常生活中經常看到狗而不常看見貓，那麼一個視覺上可以是貓也可以是狗的模糊刺激，就比較有可能在第二個循環時被你解讀爲狗。最初與第二波段所創造出的影像會時時更新（就好像電影影片的畫格速率〔frame rate〕），頻率端視視野中發生了多少改變而定。這些依序的畫格（sequential frames）經過更新後，便爭相儲存於視覺記憶中，而這完全就像贏者通吃的過程。視覺記憶上的侷限，就是我們的視野只有一部分是清晰的原因。

以人類的視力來說，這個過程大部分是自主運作的。當你走過一間忙碌的購物中心，大部分的周邊訊息都被過濾掉了，但一個不尋常、快速移動的影像——譬如一名扒手匆忙跑過——卻足以引起你的注意，讓你轉頭去看。生物經過進化後，人類的眼睛已在周邊與中央的訊息處理之間，發展出適當的平衡，用在周邊視力的細胞，要比用於焦點視力的細胞多很多。當掠食者潛行靠近時，眼睛只需要看到接近中的一道閃影這個早期的警訊，便能在焦點視力得到更清楚的影像之際，馬上以對抗或逃跑來回應。

桿狀細胞和錐狀細胞與其他眼部神經元（neurons）相連的方式不同。舉例來說，可能有近乎上百個桿狀細胞連結到同一個神經節細胞（ganglion cell）②，這樣的結果是，桿狀細胞的資訊輸出被看作是一體的，因此便使得視覺模糊不清。相反的，視網膜中央窩（fovea）的每一個錐狀細胞都有單一一條路徑，連結到神經節細胞，結果是，每一個錐狀細胞都有自己「標定的路線」通往高層次的視覺中心。這些負責不同感官的「標定的路線」，能協助大腦分辨視覺、聽覺、嗅覺、觸覺和味覺，因爲電脈衝（electrical impulses）本身不可能區別。因此，從視覺神經進入的訊息會被解讀爲光（這也就是爲什麼當你的眼部受重擊時，一開始可能會被認爲是閃光或光線，而不是疼痛）。

除了視覺以外，人類依賴四種其他的感官來幫助我們理解整幅畫面。當然，不同的物種有著不同的感知器官，並且當各器官所提供的資訊互相衝突時，各物種給予各感知器官的重要性也不同。比起例如蝙蝠或泥鰍，人類是強烈的視覺動物。許多夜行動物只有夜間視力較好的桿狀細胞，但老鷹的錐狀細胞則比較多，因而能銳利地聚焦看到地面上的獵物。

組織上的類比

我們應該如何將視力的類比用在對組織的分析上呢？我們的作法是將組織簡化爲一個單一的實體（擁有大腦中心），對於其所在環境，一部分看得很清楚，另一部分則顯得晦暗模糊，然而其他的部分則是完全看不見。看來模糊的部分便構成了組織的周邊地帶，其中有一大部分受到忽視，但有些部分被認爲値得加以注意。人類眼睛的不同之處，在於關注周邊地帶的過程絕大部分是自主且迅速的（也就是說，我們的眼角餘光發現某個東西，我們可能轉頭看得更仔細，或者頭也不轉地向前進），而組織對於要掃瞄什麼以及要如何掃瞄，則比較刻意（相對來說這是個優點）；但在同時，由於組織具有惰性，轉頭細看的速度比較遲緩（相對來說是個缺點）。我們可以檢驗這個概念，衡量組織在新的刺激被引進到其視野範圍，到反應之間的時間。人類的眼睛能在一瞬間或一秒鐘內反應；而當組織底層或邊緣地帶察覺到訊息時，組織的反應時間，可能幾小時（處於危機時）、幾個星期、甚至是幾個月不等。

我們很容易便會把組織中的人員想成是桿狀和錐狀細胞，這兩種細胞在生理構造上來說，是有極限且不會改變的，但是企業人員在某種程度上，有時可以同時扮演這兩種角色——強化焦點視力並改善周邊視力。不同的工作在錐狀細胞和桿狀細胞的功能之間，需要的平衡點不同；對於手上正進行的任務，需要像雷射光束般的專注，對於遠方和周邊的地帶，則要像哨兵一樣尋找訊息。經管工廠的作業經理，通常需要狹隘地專注於表現上，而創造情境的策略規畫人員，或被聘請作爲「獵酷人」的行銷人員，將需要較強力的周邊視力。人類擁有焦點和周邊視力兩種稟賦——儘管優劣程度不同——因此我們可就所扮演的不同角色，將注意力從某件事物轉移到另一件事物上。

此外，在組織中，訊息在傳達到大腦一般的中央處理單位之前，類似桿狀和錐狀細胞的作用似乎有較多的互動。我們是否可將組織看作與人類的視覺類似，經歷著兩種反覆交替的波段，一爲客觀掃瞄外部刺激的波段，一爲在生動的光點區域中尋找意義的解讀波段。但是在某些方面來說，組織的確試圖客觀地掃瞄其所在的環境，之後便更新某些解讀和覺知的架構。但這個過程並不像人類視覺那般同步齊一地發生，人類的視覺一次只針對一個影像。因此，我們一定要避免犯下把員工當作桿狀或錐狀細胞的謬誤。

以我們想達到的目的來說，把視力作爲比喻最貼切的部分如下：

一、意義是由感官接收的資訊所創造的，進而也促進了高層次的認知過程。眼睛是接收資訊的器官，大腦則是意義的創造者。在組織內部的人員，同時具有訊息接收者和解讀者的角色功能，因此整體畫面變得更爲複雜。策略上的挑戰是必須知道組織中的弱點在哪——是看不清楚？還是對人人看得到的影像解讀得不好？

二、人類的眼睛經過演化，神經受體細胞發展出兩種專長：錐狀細胞專司焦點視覺，桿狀細胞負責周邊視覺。桿狀細胞的數目比錐狀多得多，而不同之處在於兩者對目標特性的反應（就顏色、形狀、動態等等來說）。這也指出了，組織也 樣需要不同的神經受體，並且爲焦點視力和周邊視力設計不同的原理。這也引發了組織是否應該投注更多資源來掃瞄周邊地帶的問題。

三、人類的眼睛可能受制於各種限制和扭曲變異（近視、青光眼、夜盲症等等），導致覺知出現明顯的缺陷。這些扭曲通常可以矯治。同樣的，組織可能患了特殊的視力問題，一旦了解原因所在，通常也都能加以矯正。

四、周邊視力對某些工作任務的重要性，比對其他任務來得重要。在變動迅速的環境中，像是運動或遇上繁忙的交通狀況時，周邊視力比良好的焦點視力更爲重要。我們可以發展並訓練我們的周邊視力（就像比爾·布萊德雷的籃球訓練一樣），進而將它變爲一項競爭優勢。優秀的周邊視力是要先散焦（unfocus，也就是散射的視力〔splatter vision〕），之後再朝向目標聚焦，以便更深入地探究，得到更好的見解。

譬喻的限制

所有的譬喻都有極限，而譬喻與主體之間的不同之處，凸顯出組織周邊視力的某些特色。顯然人類視力的某些特徵——像是中央與周邊視力的不同——可與組織的視力類比。企業與領導者看某些事很清楚，但有些事則看不清楚。同樣的，周邊視力對個人與組織都很重要——兩者都需要周邊視力才能成功。但這個譬喻崩解之處，在於可運用策略性控制的程度。雖然人類可以訓練周邊視力，或者以人造的方法來改善，像是在車兩旁加裝後視鏡、配戴眼鏡或其他感應裝置（例如夜視鏡），但是人類視力本身的硬體器官大致是無法改變的（實際上是逐漸衰敗的）。相反的，組織可以刻意地增進視力的孔徑，因爲組織的視力較不受硬體的限制。

專門的團隊、新的資料來源、策略會議，以及運用焦點團體，都能改善焦點視野之外的感知能力。這表示組織在發展周邊視力上有著相當大的彈性，但卻不總是運用這個彈性。這可能是因爲組織的進化通常強調的是短期的表現和生存——人類的進化目的則不同，是以物種長期的生存爲目的。在周邊視力上的投資，必須與可能產生立即報酬的投資有所平衡。

當我們檢視外界刺激在意義上的定位時，這個譬喻又出現問題。對人類的眼睛來說，一項訊息是來自邊陲地帶或是焦點地帶，答案非常明確；這個判斷所根據的，是桿狀或錐狀細胞受光線影響的程度。人類眼部夾雜了桿狀和錐狀細胞，但在視網膜中央窩的部分則完全布滿了錐狀細胞；也就是說，從眼睛的周邊部分到眼睛的中央部位，錐狀細胞相對桿狀細胞的比例變化，則是從非常小上升到百分之百。對組織來說，我們可能將此視爲加權平均。例如，我們可能衡量有多少人注意到一項訊息，此外，對每一名人員來說，這個訊息距中央地帶有多近或多遠，以及每位人員在組織中所佔的權力地位和核心程度如何。然後，我們可以爲某一特定感知，相對於周邊或中心地帶的距離，計算出一套加權評分。但這麼做有些強求，且加權比率可因主管的指示而更動（人類的眼睛則不是如此）。我們的策略視力檢查（見附錄A），衡量了增進周邊視力的各種組織才能的發展狀況（相對於組織對周邊視力的需求，而這個需求是由組織所處的環境而定）。這些才能中有些是在類似錐狀和桿狀細胞的層次上運作的（也就是說，優良的企業神經受體），但大部分處理的是更重要的解讀和策略性探索的任務。

因此，最重要的是需要有好的領導力。與人類的視力相同，組織中處於視覺活動中心位置的人要負擔最大的責任，決定組織看到了什麼、如何解讀，以及該採取什麼因應的行動。

作者簡介

喬治·戴伊（George S. Day）是賓州大學華頓學院傑佛瑞·包伊思講座（Geoffrey T. Boisi）的行銷學教授，以及馬克科技創新中心的共同主任（codirector）。他的研究與教學興趣主要爲行銷、科技創新的管理、策略規畫、組織改變，以及全球市場上的競爭策略。

在加入華頓學院的陣容之前，他曾任教於史丹佛大學、瑞士洛桑管理學院（IMD），以及多倫多大學，他也曾擔任由產業贊助的研究集團「行銷科學協會」（Marketing Science Institute）的執行主任。

戴伊已出版十五本書，包括與保羅·蘇梅克合作撰寫的《華頓新興科技管理報告》（*Wharton on Managing Emerging Technologies*），以及《市場驅動策略》（*Market-Driten Strategy*）。他的著作曾獲得無數的榮譽，並因在行銷領域上的卓越貢獻，榮獲查爾斯·庫利奇獎（Charles Coolidge Parlin）與康瓦士獎（Converse Awards），以及行銷科學學會暨美國行銷協會與麥格羅・希爾（Academy of Marketing Science and AMA/Irwin/McGraw-Hill）聯合頒贈的傑出行銷教育獎。

他爲許多世界首屈一指的企業擔任顧問，也是數個私人機構、公營單位、基金會董事會的成員。他目前定居於賓州布里摩（Bryn Mawr）。

保羅・蘇梅克（Paul J. H. Schoemaker）是決策策略國際公司（www.thinkdsi.com）的創辦人、董事長暨執行長，也是華頓學院的馬克科技創新中心的研究主任，並在該中心教授策略與決策。之前，他曾是芝加哥大學商學研究所的教授，也曾到位於法國的歐洲工商管理學院（Insead）的管理發展中心（Cedep）擔任訪問教授。

他的興趣在於策略管理、決策理論、組織決策、新興科技。蘇梅克著有多本書籍，包括《致勝決策》（*Winning Decisions*，與愛德華・羅索〔J. Edward Russo〕合著），以及《從不確定中獲利》（*Profiting from Uncertainty*）。他的研究發表於許多期刊，像是《哈佛商業評論》（*Harvard Business Review*）、《策略管理期刊》（*Strategic Management Journal*）、《管理科學》（*Management Science*），以及《經濟文獻期刊》（*Journal of Economic Literature*）。他的著作已翻譯成十多種語言出版。

蘇梅克經常爲歐、美、遠東地區的主管們提供決策與策略性思考的研習會。他曾授課於加州柏克萊大學、哥倫比亞大學、法國歐洲工商管理學院（Insead）管理發展中心（Cedep）、康乃爾大學，以及賓州大學華頓學院的主管課程。美國科學資訊研究所（ＩＳＩ）將蘇梅克列爲最常被企管與經濟學術期刊文章引述的前百分之一的學者之一。他也曾榮獲策略管理協會（Strategic Management Society）的最佳論文獎。

蘇梅克身兼多個營利與非營利組織董事會的成員，如決策教育基金會（Decision Education Foundation）。他也是一位積極投資新興科技事業的創投家。他愛好打網球、高爾夫與彈奏鋼琴，他與妻子住在賓州維蘭諾瓦（Villanova）。

註釋

導言：接合警戒缺口的七個步驟

①Leonard Fuld, "Be Prepared," *Harvard Business Review*, November 2003, 1-2。該調查是由孚歐德（Leonard Fuld）、吉拉德（Ben Gilad）與賀齡（Jan Herring）所成立的競爭情報學院（Fuld-Gilad-Herring Academy of Competitive Intelligence）所進行的。

1 周邊地帶

①Andrew S. Grove, *Only the Paranoid Survive: How to Exploit the Crisis Pcints That Chal-*

lenge Every Company (New York: Currency Doubleday, 1999), 110.

②所有引述梅齊瑞先生的文字，均根據筆者與其私下的對話。

③Melanie Warner, "Low Carbs? Who Cares? Sugar Is the Latest Supermarket Demon," *New York Times*, May 15, 2005, 1.

④Melanie Warner, "Is the Low-Carb Boom Over?" *New York Times*, December 5, 2004, Section 3, 1.

⑤*The Vanishing Potato: Understanding the World of Low-Carb Dieting from a Consumer Perspective*, The Hartman Group, summer 2004.

⑥此項自我評量的調查，以一到七爲評比作答。統計根據的是一百五十多名受訪對象的回應，這些受訪者是當時在華頓學院與歐洲工商管理學院（Insead）的管理發展中心（Cedep），參加資深管理課程的學員。評量所使用的診斷性的「策略視力檢查」，收於附錄A中。文中提到「百分之八十」的這個數據，是就受訪者針對「比較未來需要的周邊視力和目前具備的周邊視力」的回答所做的統計。

⑦Sidney G. Winter, "Specialised Perception, Selection and Strategic Surprise: Learning from the Moths and Bees," *Long Range Planning* 37 (2004), 163-169.

⑧一般來說，在複雜且移動快速的環境中，我們的視覺會到達極限。據太空人的回報，當飛

行器以高速加速時，他們感覺上好像自己慢慢往後傾斜。一九六〇年阿波羅號太空船飛行時發生磁場的改變，使太空人視覺上出現光束和光點，此外，太空艙中氧氣過量也造成隧道式的狹隘視野，將太空人的周邊視野扭曲成渦流的形狀。由於環境造成了這些現象，太空人與噴射機駕駛員被告誡不能只信任他們的眼睛，必須使用導航系統來評估飛行器的位置。相關討論請見‧‧Lael Wertenbaker, *The Eye: Window to the World* (New York: Torstar Books, 1984), 146。

⑨Manfred Kets de Vries and Danny Miller, *The Neurotic Organization: Diagnosing and Changing Counterproductive Styles of Management* (San Francisco: Jossey-Bass, 1984)

⑩焦點視力在眼科學中通常稱爲「中心視力」。例子請見 Nicholas J. Wade and Michael Swanston, *Visual Perception* (East Sussex, UK: Psychology Press, 2001)。

⑪John McPhee, *A Sense of Where You Are: Bill Bradley at Princeton* (New York: Farrar, Straus and Giroux, 1999).

2 界定

①Kathleen M. Sutcliffe and Klaus Weber, "The High Cost of Accurate Knowledge," *Harvard*

Business Review, May 2003, 74-82.

②Peter Schwartz, *The Art of the Long View: Planning for the Future in an Uncertain World* (New York: Currency Doubleday, 1996).

③這些議題中，有些是筆者與賓州大學生物倫理中心（Center for Bioethics）主任亞瑟・卡普蘭（Arthur Caplan）私下的討論。

④Stephen Baker and Adam Aston, "The Business of Nanotech," *BusinessWeek*, February 14, 2005, 71.

⑤Stephan Herrera, "Mitsubishi: Out Front in Nanotech," *Technology Review*, January 2005, 34.

⑥Max H. Bazerman and Michael D. Watkins, *Predictable Surprises: The Disasters You Should Have Seen Coming and How to Prevent Them* (Boston: Harvard Business School Press, 2004).

⑦John Schwartz, "For NASA, Misjudgments Led to Latest Shuttle Woes," *New York Times*, July 31, 2005, Section 1, 1.

⑧"How CEMEX Innovates," *Strategy & Innovation* (November-December 2004), 6-8.

⑨Andrew S. Grove, *Only the Paranoid Survive: How to Exploit the Crisis Points That Challenge Every Company* (New York: Currency Doubleday, 1999).

⑩Clayton M. Christensen, *The Innovator's Dilemma* (Boston: Harvard Business School Press,

1997); Clayton M. Christensen, Scott D. Anthony, and Erik A. Roth, *Seeing What's Next? Using the Theories of Innovation to Predict Industry Change* (Boston: Harvard Business School Press, 2004).

⑪Michael E. Porter, *Competitive Advantage: Creating and Sustaining Superior Performance* (New York: Free Press, 1985).

⑫Russell L. Ackoff, *Creating the Corporate Future: Plan or Be Planned For* (New York: John Wiley & Sons, 1981).

⑬W. Chan Kim and Renée Mauborgne, *Blue Ocean Strategy: How to Create Uncontested Market Space and Make the Competition Irrelevant* (Boston: Harvard Business School Press, 2005).

⑭Clayton M. Christensen and Michael E. Raynor, *The Innovator's Solution: Creating and Sustaining Successful Growth* (Boston: Harvard Business School Press, 2003).

⑮Herman Kahn, *Thinking About the Unthinkable* (New York: Simon & Schuster, 1984).

⑯Adrian Slywotzky, "Exploring the Strategic Risk Frontier," *Strategy & Leadership* 32 (2004), 11-19.

3 掃瞄

①G. K. Chesterton, *The Scandal of Father Brown* (New York: Dodd, Mead & Company, 1935).

②經理人追蹤的指標還包括，平衡計分卡（Balanced Scorecard）的策略圖譜中已發展成熟的量化系統。這一套策略性績效管理的架構，以數據顯示出，企業的策略是如何將無形的資產與價值創造的過程連結起來。見 Robert S. Kaplan and David P. Norton, *Strategy Maps: Converting Intangible Assets into Tangible Outcomes* (Boston: Harvard Business School Press, 2004)。

③事先設定假設的精彩範例，見 James M. Utterback and James W. Brown, "Monitoring for Technological Opportunities," *Business Horizons*, October 1971, 5-15。

④Wayne Burkan, *Wide-Angle Vision: Beat Your Competition by Focusing on Fringe Competitors, Lost Customers, and Rogue Employees* (New York: John Wiley & Sons, 1996), 85-86.

⑤本段改編自 George S. Day, "Market Sensing," *The Market-Driven Organization* (New York: Free Press, 1999), chap. 5。

⑥www.iconoculture.com.

⑦欲知更深入的觀點，見 Gerald Zaltman, *How Customers Think: Essential Insights into the Mind of the Market* (Boston: Harvard Business School Press, 2003)。

⑧欲知進一步的介紹，見 Stefan Thomke, "Note on the Lead User Research," teaching note 6-699-014, Harvard Business School; Eric von Hippel, Stefan Thomke, and Mary Sennack, "Creating Breakthroughs at 3M," *Harvard Business Review*, September-October 1999, 47-57。

⑨Melanie Wells, "Have It Your Way," *Forbes*, Feburary 14, 2005, 78-86.

⑩南韓的寬頻普及率迅速成長的原因，包括政府的支持，長久以來喜好電腦遊戲的文化，以及例如三星（Samsung）等世界級的電子公司。

⑪Malcolm Gladwell, "The Coolhunt," *The New Yorker*, March 17, 1997, 78-89.

⑫Chidanand Apte, Bing Liu, Edwin P. D. Pednault, Padhraic Smyth, "Business Applications of Data Mining," *Communications of the ACM* 45 (August 2002): 49-53.

⑬有關競爭性情報的文獻相當大量，而這些文獻大部分是（而且專門是）有關了解焦點競爭者的能力與意圖。見 Liam Fahey, *Competitors: Outwitting, Outmaneuvering, and Outperforming* (New York: John Wiley, 1999); Leonard M. Fuld, *The New Competitor Intelligence: The Complete Resource for Finding, Analyzing, and Using Information About Your Competitors* (New York: John Wiley, 1994); John E. Prescott and Stephen H. Miller, eds., *Proven Strategies in Competitive Intelligence: Lessons from the Trenches* (New York: John Wiley, 2000)。

⑭W. Chan Kim and Renée Mauborgne, "Creating New Market Space," *Harvard Business Review*, January-February 1999, 83-93.

⑮Gary Hamel and C. K. Prahalad, *Competing for the Future* (Boston: Harvard Business School Press, 1994).

⑯使得互補者的角色受到廣泛注意的一本著作是：Adam M. Brandenberger and Barry H. Nalebuff, *Co-Opetition* (New York: Doubleday, 1996)。

⑰在一九六八年的一段錄影短片中，道格・英格巴（Doug Engelbart）示範了一種名爲「滑鼠」的電腦新裝置的功能。經過幾十年之後，這個電腦裝置才對個人電腦的使用介面造成影響，但它遠在一九六八年時就已出現在那段影片中，可惜那時沒人一眼就看出它的這項潛力。見 D. A. Levinthal, "The Slow Pace of Rapid Technological Change: Gradualism and Punctuation in Technological Change," *Industrial and Corporate Change* 7, no. 2 (1998): 217-247。

⑱Don S. Doering and Roch Parayre, "Identification and Assessment of Emerging Technologies," in *Wharton on Managing Emerging Technologies*, ed. G. S. Day and Paul J. H. Schoemaker (New York: John Wiley & Sons, 2000), 75-98.

⑲Ron Adler and Daniel A. Levinthal, "Technology Speciation and the Path of Emerging Technologies," in *Wharton on Managing Emerging Technologies*, 57-74.

⑳Sherwin Nuland, "Do You Want to Live Forever?" *Technology Review* (February 2005): 36-45; see also Ray Kurzweil and Terry Grossman, *Fantastic Voyage: The Science Behind Radical Life Extension* (New York: Rodale Publishing, 2004).

㉑Malcolm Gladwell, *The Tipping Point: How Little Things Can Make a Big Difference* (Boston: Little, Brown, 2000).

4 解讀

①有關酋長和香蕉推車的故事的複述，見 Arie de Geus, *The Living Corporation* (Boston: Harvard Business School Press, 1997)。

②"A Vital Job Goes Begging," *New York Times*, February 12, 2005, A30.

③Flo Conway and Jim Seligman, Snapping: *America's Epidemic of Sudden Personality Change* (Philadelphia: Lippincott, 1978).

④Vincent Barabba, *Surviving Transformation: Lessons from GM's Surprising Turnaround* (New York: Oxford University Press, 2004).

⑤市場分析顧問公司威林國際（Wirthlin Worldwide）的一項研究，指出了這些沒有被滿足的需求，該研究所採用的兩種衡量標準爲：消費者認爲影響他們消費決策的各個因素的重要程度，以及消費者目前對於這些因素被滿足的程度。

⑥此處參考了一項針對視力的概念與比喩，如何能被運用在競爭分析的活動上的研究，見 Michael Neugarten, "Seeing and Noticing: An Optical Perspective on Competitive Intelligence," *Journal of Competitive Intelligence and Management* 1, no. 1 (Spring 2003): 93-104。

⑦此引述見 Michael Michalko, *Cracking Creativity* (Berkeley, CA: Ten Speed Press, 2001)。

⑧改編自 George S. Day, "Assessing Future Markets for Emerging Technologies," in *Wharton on Managing Emerging Technologies*, ed. George S. Day and Paul J. H. Schoemaker (New York: John Wiley & Sons, 2000)。

⑨有關這項廣泛領域的概要，見 J. Edward Russo and Paul J. H. Schoemaker, *Winning Decisions* (New York: Doubleday, 2001)。

⑩這裡有關團體迷思的簡短討論，出自於一份較爲深入的摘要，見 Russo and Schoemaker, *Winning Decisions*, chap. 7。有關團體迷思的原始經典文獻：Irving Janis, *Groupthink: Psychological Studies of Policy Decisions and Fiascos*, 2nd ed. (Boston: Houghton Mifflin, 1982)。有關將團體迷思作爲心理學模型的評論，見 Won-Woo Park, "A Review of Research on

Groupthink," *Journal of Behavioral Decision Making* 3, no. 4 (October-December 1990): 229-246。

⑪J. Patrick Wright, *On a Clear Day You Can See General Motors* (Grosse Pointe, MI: Wright Enterprises, 1979), 67-68.

⑫從貝葉斯分析（Bayesian analysis）到拔靴法（bootstrapping）等等的理性模型，可以用來形成一個以不同消息來源爲基礎的判斷。貝葉斯分析是當接收到新的抽樣資訊後，修正機率評估的一個正式方法。有關這項以計量方法做決策更進一步的解析，見 Robert Nau and Robert Clemen, *Making Hard Decisions: An Introduction to Decision Analysis*, 2nd ed. (Boston: PWS-Kent, 1996)，以及另一本經典著作 Howard Raiffa, *Decision Analysis: Introductory Lectures on Choices Under Uncertainty* (Reading, MA: Addison-Wesley, 1968)。拔靴法這項技術，是在建立專家人士的模型，之後再超越這些專家的作法，運用這些模型進行新的預測。大部分拔靴法研究所根據的線性模型，歷史長達五十年，基礎研究見 Paul Meehl, *Clinical Versus Statistical Prediction* (Minneapolis: University of Minnesota Press, 1954)。之後的研究之主要貢獻者是卡內基—美隆大學（Carnegie-Mellon University）的羅賓・道斯（Robyn Dawes），其著作中有兩篇論文特別容易爲非專業讀者所理解：與大衛・法斯特（David Faust）以及保羅・彌爾（Paul Meehl）所合著的"Clinical versus Actuarial Judgment," *Science*

243 (1989): 1668-1673，以及他的"The Robust Beauty of Improper Linear Models in Decision Making," *American Psychologist* 34 (1979): 571-582。對於拔靴法的精彩評論，見 Colin Camerer, "General Conditions for the Success of Bootstrapping Models," *Organizational Behavior and Human Performance* 27(1981): 411-422。就反對使用線性模型的可能意見的詳盡討論，見 Alison Hubbard Ashton, Robert H. Ashton, and Mary N. Davis, "White-Collar Robotics," *California Management Review* 37, no. 1 (Fall 1994): 95-101。結合人類判斷與統計模型的例子，見 Robert Blattberg and Steven Hoch, "Database Models and Managerial Intuition: 50% Model+50% Manager," *Management Science* 36, no. 8 (1990): 887-899。

⑬假設你從同一部門的同事那、從其他部門的同事那，或是從其他公司的同儕那，知道了有關新競爭對手耐人尋味的消息，你對這三種消息來源的信賴度各是多少呢？有種理論預測，（在其他條件都相同的情況下）我們常低估了來自遠處的消息，原因包括所謂「不是此地發生」（not invented here）的毛病，以及信任的考量和同儕行為。然而，另一種可能的預測完全相反，也就是說，自以高人一等的心態看待周遭的人事物（即「親近生侮慢」〔familiarity breeds contempt〕）。唐雅・梅隆（Tanya Menon）與其他研究專家，探討了資訊收發者間關係不同所造成的不同影響，考量的關係包括資訊發送者是否來自同一個工作團隊，或者資訊發送者是否會造成接收者在事業進展上的威脅。在其中一項研究中，他們發現外來

的知識比公司內部的知識更受到重視，因爲外部人員似乎有著比較高的地位，提供的資訊也比較少見或比較新奇，相較於公司內部的消息提供者來說，外部的人員也因爲不構成競爭威脅，所以較無心結，見 Tanya Menon and Jeffrey Pfeffer, "Valuing Internal vs. External Knowledge: Explaining the Preference for Outsiders," *Management Science* 49, no. 4 (2003), 497-513; Tanya Menon and Sally Blount, "The Messenger Bias," *Research in Organizational Behavior* 25 (2003): 137-186。另可參考 M. B. Brewer and R. J. Brown, "Intergroup Relations," in *The Handbook of Social Psychology*, vol. 2, ed. Daniel T. Gilbert, Susan T. Fiske, and Gardner Lindzcy (Boston: McGraw-Hill, 1998), 554-594; R. S. Burt, *Structural Holes* (Cambridge, MA: Harvard University Press, 1992); R. B. Cialdini, *Influence* (Needham Heights, MA: Allyn & Bacon, 2001)。

⑭Larry Bossidy and Ram Charan, "Confronting Reality," *Fortune*, October 18, 2004, 225-229.

⑮針對蒐集與解讀資訊的不同方法，進行哲學思辨的精彩名著：C. West Churchman, *The Design of Inquiring Systems* (New York: Basic Books, 1971)。

⑯James Surowiecki, *The Wisdom of Crowds* (New york: Doubleday, 2004).

⑰取自作者與邁可・馬法達（Michael Mavaddat）於二〇〇五年的私下談話。

⑱荷蘭殼牌石油將情境規畫作爲一種學習的過程，有助於將組織內潛藏的思維模式浮上檯

面。這一種形式的組織學習，可以被視爲是管理團隊「改變公司本身的、市場的、競爭對手的共同思維模式」的方法。Arie de Geus, "Planning as Learning," *Harvard Business Review*, March-April 1988, 70-74。

⑲有許多參考文獻涵蓋了情境規畫的藝術與科學。管理上的介紹，見 Paul J. H. Schoemaker, "Scenario Planning: A Tool for Strategic Thinking," *Sloan Management Review* (Winter 1995): 25-40，概念上與行爲上的觀點，見 Paul J. H. Schoemaker, "Multiple Scenario Developing: Its Conceptual and Behavioral Basis," *Strategic Management Journal* 14 (1993): 193-213。有關情境規畫實務之書籍，Peter Schwartz, *Art of the Long View* (New York: Currency Doubleday, 1991); Cees van der Heijden, *Scenarios: The Art of Strategic Conversation* (New York: John Wiley, 1996); Gill Ringland, *Scenario Planning* (New York: John Wiley, 1998); Liam Fahey and Robert Randall, eds., *Learing from the Future* (New York: John Wiley, 1998); Paul J. H. Schoemaker, *Profiting from Uncertainty* (New York: Free Press, 2002)。

5 探究

①引用約翰‧卡曼的話，全部根據其與作者之間的對談。

②Patricia Leigh Brown, "Eco-Friendly Burial Sites Give a Chance to Be Green Forever," *New York Times*, August 13, 2005, A1-A8.

③Don S. Doering and Roche Parayre, "Identification and Assessment of Emerging Technologies," in *Wharton on Managing Emerging Technologies*, ed. G. S. Day and Paul J. H. Schoemaker (New York: John Wiley & Sons, 2000), 75.

④此段敘述之根據，見Peter Maass, "The Breaking Point," *New York Times Magazine*, August 21, 2005, 30-35。

⑤Matthew R. Simmons, *Twilight in the Desert: The Coming Saudi Oil Shock and the World Economy* (New York: John Wiley & Sons, 2005).

⑥G. Felda et al., "In-Q-Tel," Case 8-804-146 (Boston: Harvard Business School, 2004).

⑦微軟早在一九八八年就多方押寶，當時蘋果電腦正由於其麥金塔優越的圖形使用者介面（graphical user interface）而處於巔峰時期，使得微軟的ＤＯＳ作業系統看似遙遙落後。然而，微軟當時多管齊下，一方面，它正開發視窗系統，另一方面，它又推廣其與ＩＢＭ合作發展的第二代作業系統OS/2。而就在同時，微軟也推出了適用於視窗以及適用於蘋果電腦麥金塔系統的各種套裝應用軟體，包括Excel與Word。最後，微軟與個人電腦Unix系統最大的提供者ＳＣＯ公司建立了合作的關係。詳情請見Eric D. Beinhocker, "Robust

Adaptive Strategies," *Sloan Management Review* (Spring 1999): 95-106。

⑧Rita Gunther McGrath and Ian C. MacMillan, "Discovery-Driven Planning," *Harvard Business Review*, July-August 1995, 44-54.

⑨此段落大部分改編自瑞尼禮（John P. Ranieri）於二〇〇三年十一月二十一日，在賓州大學舉辦的「投資新興科技」研討會上所發表的論文‧（"Real Options in Action at DuPont"）。

⑩此段落之出處，見Paul J. H. Schoemaker, "Deliberate Mistake: How Two Wrongs Can Make a Right"（尚未出版之手稿）。

⑪進一步的細節，見J. L. Showers and L. M. Chakrin, "Reducing Uncollectible Revenues from Residential Telephone Customers," *Interfaces* 11 (1981): 21-31。

⑫Arie de Geus, *The Living Organization* (Boston: Harvard Business School Press, 1997).

6 行動

①David Talbot, "LEDs vs. the Lightbulb," *Technology Review*, May 2003, 30-36.

②見「照明蛻變計畫」（Lighting Transformations, http://www.lrc.rpi.edu/programs/lighting Transformation/LED/issuesOption02.asp）。

③Bruce Sterling, "10 Technologies That Deserve to Die," *Technology Review*, October 2003, 52-55.

④統計數據由飛利浦照明之果威・羅歐（Govi Rao）等來源所提供。

⑤本章中引用果威・羅歐所言，全部根據作者與其進行的對談。

⑥Peter Svensson, "LED Evolution Could Replace Light Bulbs," Associated Press, April 15, 2005.

⑦Mark Kendall and Michael Scholand, *Engery Savings Potential of Solid State Lighting Applications* (Arlington, VA: Arthur D. Little, 2001), 8.

⑧根據與加洲大學理查・史帝文斯博士（Richard Stevens）於「光中之橋」研討會（Bridges in Light Conference）中的訪談。「光中之橋」研討會是由位於紐約州特洛伊市的王色列理工學院的照明研究中心（Lighting Research Center, Rensselaer Polytechnic Institute, Troy, NY）於二〇〇四年十一月所主辦的。

⑨有關先發者優勢的文獻非常豐富，總論請參考 Gerard J. Tellis and Peter N. Golder, *Will and Vision* (New York: McGraw-Hill, 2002)。正如這篇論文的兩位作者所指出的，早期揭示先驅者享有利潤與優勢的研究，是以倖存企業爲對象，例子包括：Robert D. Buzzell and Bradley T. Gale, *The PIMS Principle: Linking Strategy to Performance* (New York: Free Press, 1987); Glen Urban et al., "Market Share Rewards to Pioneering Brands: An Empirical Analysis and

Strategic Implications," *Management Science* 32 (1986): 645-659。

⑩Constantinos C. Markides and Paul A. Geroski, *Fast Second: How Smart Companies Bypass Radical Innovation to Enter and Dominate New Markets* (San Francisco: Jossey-Bass, 2004).

⑪Geoffrey A. Moore, *Crossing the Chasm* (New York: HarperBusiness, 1991).

⑫Markides and Geroski, *Fast Second*.

⑬Marvin B. Lieberman, and David B. Montgomery, "First-Mover Advantages," *Strategic Management Journal* 9 (1988): 41-58.

7 組織

①"Is Barbie Past Her Shelflife?" *BBC News*, April 21, 2004.

②Mel Duvall and Kim S. Nash, "Mattel: How Barbie Lost Her Groove," *Baseline*, August 4, 2005, www.baselinemag.com/article2/0,1397,1842984,00.asp.

③Nicola Seare, "Barbie's Mid-Life Crisis," *BBC News*, July 21, 2004.

④在國際品牌顧問公司英特品（Interbrand）所評比全球最有價值的一百個品牌的名單中，芭比的排名從二〇〇一年的第八十四名，下跌至二〇〇三年的第九十七名，並且於二〇〇四

年更滑落到名單以外。根據英特品的估計，芭比品牌的價值以名目價格計，從二〇〇〇年的二十二億三千萬美元，減少至二〇〇三年的十八億七千萬美元。換句話說，芭比品牌的價值在兩年之內便損失了超過三億六千萬美元之多。

⑤Robert Cooper, *Winning at New Products: Accelerating the Process from Idea to Launch* (New York: Persus Publishing, 2001).

⑥Mattel Annual Report, 2003, Form 10-K, p. 19.

⑦本章刻意將焦點擺在組織的能力上，原因是組織的能力對企業的優勢和與眾不同的特質來說，是比隨處可得的硬體設備更重要的資產。能力深植於企業之中，雖然競爭者可以看得到這些能力，但卻很難加以模仿。譬如說，大部分的競爭者都能看到沃爾瑪（Wal-mart）的物流配送的能力，但事實證明這很難加以模仿。正由於能力很難模仿，因此珍貴稀有、歷久彌新，也是高利潤的來源。這些能力似乎爲特定公司所獨有，因此無法在企業與企業之間買賣或移轉。也由於這些能力是相輔相成的，因此體系具備了這些能力，便能創造出高於平均的投資報酬。但是這些能力必須契合該企業所在的市場，和產業的先天特質和競爭架構，也必須具體化地反映出企業結構上、政治上和營運過程上的優勢。範例見：J. Barney, "Firm Resources and Sustained Competitive Advantage," *Journal of Management* 17, no. 1 (1991): 99-120; Raffi Amit and Paul J. H. Schoemaker, "Strategic Assets and Organizational

Rent," *Strategic Management Journal* 14, no. 1 (1993), 33-46; D. J. Teece, G. Pisano, and A. Shuen, "Dynamic Capabilities and Strategic Management," *Strategic Management Journal* 18, no. 7 (1997): 509-533。

⑧Peter Grant, "Comcast's Big Bet on Content," *Wall Street Journal*, September 24, 2004, p. B1.

⑨"Mattel's New Toy Story," *BusinessWeek*, November 18, 2002, 72-73.

⑩Mattel Annual Report, p. 83.

⑪Michael Useem, *Leading Up: How to Lead Your Boss So You Both Win* (New York: Crown Business, 2001).

⑫Jim Collins, *Good to Great: Why Some Companies Make the Leap... and Others Don't* (New York: HarperBusiness, 2001).

⑬Jeffrey H. Dyer, Prashant Kale, and Harbir Singh, "How to Make Strategic Alliances Work," *Sloan Management Review* (Summer 2001): 37-43.

⑭Warren Bennis, "It's the Culture," *Fast Company*, August 2003, 35.

⑮史丹佛大學的凱薩琳・艾森哈特（Kathleen Eisenhardt）與其同事，對處於高度變化環境中的企業有些什麼行爲模式，以及這些企業如何走在邊緣地帶而又不致失去立足點，進行了研究・。見 Kathleen Eisenhardt, *Competing on the Edge: Strategy as Structured Chaos* (Boston: Harvard Business School Press, 1998)。同樣的，彼德・聖吉（Peter Senge）在早期就呼籲建立能廣泛掃瞄的學習型組織，他所指出的許多企業特質也適用於此・，見 Peter Senge, *The Fifth Discipline* (New York: Doubleday/Currency, 1990)。

⑯哲學家維斯特・切奇曼（C. West Churchman）曾檢視過，企業組織中根深柢固的哲學論述，對組織所建立的探詢系統的影響有多深遠・，見 C. West Churchman, *The Design of Inquiring Systems* (New York: Basic Books, 1971)。馬森（Mason）與麥契夫（Mitroff）將這份研究加以延伸，檢視經理人的個性與哲學風格（例如，利用著名的麥爾斯－布雷格性格測驗〔Meyers-Briggs test〕），是如何影響了他們在採用資料和選擇探索系統的偏好・，見 R. D. Mason and I. I. Mitroff, "A Program for Research on Management Information Systems," *Management Science* 19, no. 5 (1973): 475-487。以組織文化爲主題的人類學研究，能進一步闡釋，價值觀與規範將如何妨礙或提升周邊視力。組織中若權力差距很大、規避不確定性的意圖很強，以及對未來的方向感很弱——這裡只舉出組織文化中最常被研究的三個層面——那麼，當遇上了周邊地帶或組織基層的微弱訊息時，可能出現很差的表現。有關組織上的文化的見解，見 Geert Hofstede, *Culture's Consequences: International Differences in Work-Related Values* (Newbury Park, CA: Sage Publications, 1980); Robert J. House et al., eds., *Culture and Leadership in Organizations: The GLOBE Study of 62 Societies* (Beverly

Hills, CA: Sage Publications, in press); Charles Hampden-Turner and Fons Trompenaars, *Building Cross-Cultural Competence: How to Create Wealth from Conflicting Values* (New Haven, CT: Yale University Press, 2000)。

⑰“A Golden Vein,” *The Economist*, June 10 2004, 22-23.

⑱Ronald S. Burt, *Structural Holes* (Cambridge, MA: Harvard University Press, 1992)。亦參考 John Seely Brown and Paul Duguid, *The Social Life of Information* (Boston: Harvard Business School Press, 2002)。

⑲Duvall and Nash, “Mattel.”

⑳Youngme Moon and John A. Quelch, “Starbucks: Delivering Customer Service,” Case 9-504-016 (Boston: Harvard Business School, 2004).

㉑James Surowiecki, *Wisdom of Crowds: Why the Many Are Smarter than the Few and How Collective Wisdom Shapes Business, Economies, Societies, and Nations* (New York: Doubleday, 2004).

㉒Chuck Salter, “Ivy Ross Is Not Playing Around,” *Fast Company*, November 2004, 104.

8 領導

①摘自約翰・布朗尼爵士在二〇〇一年十一月二十三日於布雷德福（Bradford）大學的演說。演說全文，見 www.bp.com/genericartical.do?categoryId=98&contentId=2000350。

②資料來源包括：Office of Communications, *The Communications Market 2004—Overview*, August 11, 2004; BBC, *Annual Report of Accounts*, 2003/2004; Department for Culture, Media and Sport, *Review of the BBC's Royal Charter, A Strong BBC, Independent of Government*, March 2005; BBC, *Building Public Value; Reviewing the BBC for a Digital World* (undated); "With One Bound, Auntie Was Free," *The Economist*, March 3, 2005, 55。

③「關照」與「開採」二詞的使用，見約翰・希利・布朗（John Seely Brown）於二〇〇三年五月華頓商學院周邊視力研討會中的演說，以及他之後發表的文章「關照與開採周邊地帶」（"Minding and Mining the Periphery," *Long Range Planning* 37［2004］：143-151）。

④"Change and Reorganisation—Signs of Things to Come as Thompson Becomes DG," BBC, June 22, 2004, www.bbc.co.uk/pressoffice/pressreleases/stories/2004/06_june/22/thompson.shtml.

⑤"BBC Launches Its Vision of the Future and Manifesto for Action," BBC Press Releases, June 29, 2004, www.bbc.co.uk/pressoffice/pressreleases/stories/2004/06_june/29/bpv.shtml.

⑥我們看待周邊地帶的的方法與貝瑟曼（Bazerman）和華金斯（Watkins）的論點相輔相成，見 Max H. Bazerman and Michael D. Watkins, *Predictable Surprises: The Disasters You Should Have Seen Coming and How to Prevent Them* (Boston: Harvard Business School Press, 2004), 1。他們關注的是不確定性中較能預測的那一部分，並且提供了寶貴的見解，解釋爲什麼「儘管用來預測事件並對後果進行準備的所需資訊，全都已事先獲得」，事件的發生仍然出乎組織的意料。而我們的研究焦點，則進一步針對不確定性中較無法預測的部分，並且主張就威脅與機會的訊息，建立及早採取因應行動的能力。

⑦這裡使用**可容忍的**（tolerable）一詞，指的是休・考尼（Hugh Courtney）所定義「第二級剩餘不確定性」（the second level of residual uncertainty）的概念，見 Hugh Courtney, *20: 20 Foresight: Crafting Strategy in and Uncertain World* (Boston: Harvard Business School Press, 2001), chap. 2。

⑧在最近的一份白皮書中，史考特・史奈德（Scott Snyder）與保羅・蘇梅克（Paul J. H. Schoemaker）爲這樣的雷達系統創造了一個範本，描述了如何發展出系統和量表來擴充儀表板，擁抱不確定性、檢定假設，並以模擬的情境來了解微弱的訊息。見 Scott Snyder and

Paul J. H. Schoemaker, "Strategic Action Radar: A Scenario-Based Tracking System to Sense and Adapt to a Changing World," white paper, Decision Strategies International, November 2004。

⑨George S. Day, *The Market-Driven Organization: Understanding, Attracting, and Keeping Valuable Customers* (New York: Free Press, 1999); "Creating a Market Driven Organization," *Sloan Management Review* 41, no. 1 (Fall 1999): 11-22.

⑩Gary Hamel, *Leading the Revolution* (Boston: Harvard Business School Press, 2000).

附錄A：策略視力檢查

①D. T. Cambell and D. M. Fiske, "Convergent and Discriminant Validation by the Multitrait-Multimethod Matrix," *Psychological Bulletin* 56 (1959): 81-105.

附錄B：研究基礎

①這篇附錄是根據本書作者之前的一篇文章所改寫，見 George S. Day and Paul J. H. Schoemaker, "Driving Through the Fog: Managing at the Edge," *Long Range Planning*, special issue on *Peripheral Vision: Sensing and Acting on Weak Signals* 37, no. 2 (April 2004): 117-121（此份特刊亦是由本書作者所主編）。

②一些學者曾檢視過周邊地帶這個議題，並試著與總體的表現做連結，例子見 R. L. Daft, J. Jormunen, and D. Parks, "Chief Executive Scanning, Environmental Characteristics and Company Performance: An Empirical Study," *Strategic Management Journal* 9 (1988): 123-139。

③我們認爲我們的方法，與決策科學（decision sciences）領域所發展出的準則式建議（prescriptive advice）的方式類似——描述模型（descriptive models）與例如期望效用理論（expected utility theory）等等的標準模型相互結合，以指導較實用的準則式方法的發展，見 Paul Kleindorfer, Howard C. Kunreuther, and Paul J. H. Schoemaker, *Decision Sciences: An Integrative Perspective* (Cambridge, UK: Cambridge University Press, 1993)。

④雖然研究人員在定義和研究組織學習上遇到困難，對於此處所採用資訊處理的看法，仍被相當多人所接受，此看法源自 Richard M. Cyert and James G. March, *A Behavioral Theory of the Firm* (Englewood Cliffs, NJ: Prentice-Hall, 1963)。亦見 Barbara Levitt and James G. March, "Organizational Learning," *Annual Review of Sociology* 14, (1988): 319-340; K. Imai, I. Nonaka, and H. Takeuchi, "Managing the New Product Development Process: How Japanese

Firms Learn and Unlearn," in *The Uneasy Alliance*, ed. K. Clark, R. Hayes, and C. Lorenz (Boston: Harvard Business School Press, 1985), 337–376; George Huber, "Organizational Learning: The Contributing Processes and Literature," *Organization Science* 2 (1991): 88–115。

⑤Alan Newell and Herbert Simon, *Human Problem Solving* (Englewood Cliffs, NJ: Prentice Hall, 1972).另見 Herbert Simon, *Sciences of the Artificial* (Cambridge, MA: MIT Press, 1969); David A. Garvin, "Building a Learning Organization," *Harvard Business Review*, July-August 1993, 78–91; Karl E. Weick, *Sensemaking in Organizations* (Thousand Oaks, CA: Sage Publications, 1995).

⑥James G. March and Herbert A. Simon, *Organizations* (New York: John Wiley, 1958); Richard M. Cyert and James G. March, *A Behavioral Theory of the Firm* (Englewood Cliffs, NJ: Prentice Hall, 1963); James G. March, *Decisions and Organizations* (New York: Blackwell, 1988).

⑦James D. Thompson, *Organizations in Action* (New York: McGraw-Hill, 1967); D. Steinbruner, *The Cybernatic Theory of Decisions* (Princeton, NJ: Princeton University Press, 1974); Jay Galbraith, *Designing Complex Organizations* (Reading, MA: Addison-Wesley, 1973), and *Designing Organizations* (San Francisco: Jossey-Bass, 2002).

⑧George P. Huber, "Organizational Learning: The Contributing Process and Literatures," *Organization Science* 2 (February 1991): 88-115.

⑨Roy Lachman, Janet L. Lachman, and Earl C. Butterfield, *Cognitive Psychology and Information Processing* (New York: John Wiley & Sons, 1979).

⑩本書篇幅有限，無法完整詳述丹紐・卡恩曼（Daniel Kahneman）與阿默斯・特佛斯基（Amos Tversky）在管理學上的貢獻，他們最重要的論文與其學生和同事所發表的相關論文，都收錄於兩位所主編的書中，見 Daniel Kahneman and Amos Tversky, eds., *Choices, Values, and Frames* (New York: Cambridge University Press/Russell Sage Foundation, 2000)。他們早期的研究以及相關的論文，則收入於：Daniel Kahneman, Paul Slovic, and Amos Tversky, eds., *Judgment Under Uncertainty: Heuristics and Biases* (New York: Cambridge University Press, 1982)。

⑪彼德・聖吉於他《第五項修練》一書中，首度強調了組織發展學習文化的議題，見 Peter Senge, *The Fifth Discipline* (New York: Currency/Doubleday, 1990)。此書的摘要，見 Peter Senge, "The Leader's New Work: Building Learning Organizations," *Sloan Management Review* 32 (Fall 1990): 7-23。更詳盡說明，見 Sarita Chawla and John Renesch, *Learning Organizations: Developing Cultures for Tomorrow's Workplace* (Portland, OR: Productivity Press, 1995)。對

於學習在策略上的重要性——尤其是有關未來的策略——更進一步的討論，見 Gary Hamel and C. K. Prahalad, *Competing for the Future* (Boston: Harvard Business School Press, 1994)。有礙學習和改變的組織性障礙的討論，見 Chris Argyris, *Strategy, Change, and Defensive Routines* (Boston: Pitman Publishing, 1985)。在新科技的領域中，這類的障礙看起來更龐大，進一步的說明見 Clayton M. Christensen, *The Innovator's Dilemma* (Boston: Harvard Business School Press, 1997)。

⑫John D. W. Morecroft and John D. Sterman, *Modeling for Learning Organizations* (Portland, OR: Productivity Press, 1994)。對於動態系統模型的整合性討論，見 John D Sterman, *Business Dynamics: Systems Thinking and Modeling for a Complex World* (Columbus, OH: McGraw-Hill/Irwin, 2000)。欲進一步了解心智模式，見 Rob Ranyard, *Decision Making: Cognitive Models and Explanations* (New York: Routledge, 1997); Robert Axelrod, ed., *The Structure of Decision: The Cognitive Maps of Political Elites* (Princeton: Princeton University Press, 1976); Josh Klayman and Paul J. H. Schoemaker, "Thinking About the Future: A Cognitive Perspective," *Journal of Forecasting* 12 (1993): 161-168。有關心智模式和這些模型的認知功能的一份經典文獻，·Dedre Gentner and Albert L. Stevens, eds., *Mental Models* (Hillsdale, NJ: Laurence Erlbaum Associates, 1983); Philip N. Johnson-Laird, *Mental Models*,

2nd ed. (Cambridge, MA: Harvard University Press, 1983)。

⑬有關在不明確的狀況下做決策的 1 篇經典論文，Daniel Ellsberg, "Risk, Ambiguity, and the Savage Axioms," *Quarterly Journal of Economics* 75 (1961): 643-669，此篇論文是根據艾斯伯格（Ellsberg）最近出版的博士論文（由艾薩克・李維〔Isaac Levi〕撰寫了詳盡的導論），見 Daniel Ellsberg, *Risk, Ambiguity, and Decision* (New York: Garland, 2001)。針對在不確定的可能性下做決策，許多學者也進行過研究，包括 Hillel J. Einhorn and Robin M. Hogarth, "Decision Making Under Ambiguity," *Journal of Business* 59, no. 4, pt. 2 (1986): S225-255; M. Cohen, J. Jaffray, and T. Said, "Individual Behavior Under Risk and Under Uncertainty: An Experimental Study," *Theory and Decisions* 18 (1985): 203-228; Paul J. H. Schoemaker, "Choices Involving Uncertain Probabilities: Tests of Generalized Utility Models," *Journal of Economic and Organizational Behavior* 16 (1991): 295-317。

⑭George Stigler, "The Economics of Information," *Journal of Political Economy* 69 (1961), 213-225.

⑮Jack Hirshleifer and John G. Riley, *The Analytics of Uncertainty and Information, Cambridge Surveys of Economic Literature* (Cambridge, UK: Cambridge University Press, 1992).

⑯對此工具更廣泛的描述，見 Paul J. H. Schoemaker, "Scenario Planning: A Tool for Strategic

Thinking," *Sloan Management Review* 36 (Winter 1995): 25-40。概念和行爲的觀點，見 Paul J. H. Schoemaker, "Multiple Scenario Developing: Its Conceptual and Behavioral Basis," *Strategic Management Journal* 14 (1993): 193-213。情境分析法於管理上的應用，見 Peter Schwartz, *The Art of the Long View* (New York: Doubleday, 1991); Kees van der Heijden, *Scenarios: The Art of Strategic Conversation* (New York: John Wiley, 1996); G. Ringland, *Scenario Planning* (New York: John Wiley, 1998); Liam Fahey and Robert M. Randall, eds., *Learning from the Future* (New York: John Wiley, 1998); Paul J. H. Schoemaker, *Profiting from Uncertainty: Strategies for Succeeding No Matter What the Future Brings* (New York: Free Press, 2002)。

⑰James G. March, "Exploration and Exploitation in Organizational Learning," *Organizational Learning* 2 (February 1991): 71-87.

⑱Senge, *The Fifth Discipline*.

⑲有關先設定假設的主張，見 James M. Utterback and James W. Brown, "Monitoring for Technological Opportunities," *Business Horizons* 15 (October 1971): 5-15。

⑳George S. Day, *The Market-Driven Organization: Understanding, Attracting and Keeping Valuable Customers* (New York: Free Press, 1999)，特別是其中的第五章。

㉑Gerald Zaltman, *How Customers Think: Essential Insights into the Mind of the Market* (Boston: Harvard Business School Press, 2003).

㉒Bernard Jaworski and Ajay K. Kohli, "Market Orientation: Antecedents and Consequences," *Journal of Marketing* 57 (July 1993): 53-70; John C. Narver and Stanley F. Slater, "The Effect of Market Orientation on Business Profitability," *Journal of Marketing* 54 (October 1990); 20-35。對此研究最新的綜合看法，見 Rohit Deshpandé and John U. Farley, "Measuring Market Orientation," *Journal of Market-Focused Management* 2 (1998): 213-232; John Narver and Stanley Slater, "Additional Thoughts on the Measurement of Market Orientation: A Comment on Deshpandé and Farley," *Journal of Market-Focused Management* 2 (1998): 233-236。

㉓這些結果源自於 George S. Day and Prakash Nedungadi, "Managerial Representations of Competitive Advantage," *Journal of Marketing* 58 (April 1994): 40，我們將對相關財務表現的主觀判斷結果，應用於亞太數學研究中心（Pacific Institute for the Mathematical Science, PIMS）資料庫中有關投資報酬分配的結果上。我們要提醒的是，業務表現的不同，並未控制競爭市場環境或策略性選擇的不同。這些獲利能力的計算結果與以下論文的結果一致：John C. Narver and Stanley F. Slater, "The Effect of a Market Orientation on Business Profitability," *Journal of Marketing* 54 (October 1990): 20-35，其中使用了不同的程序來衡量市場的方向。

㉔見 Liam Fahey, *Competitors: Outwitting, Outmaneuvering, and Outperforming* (New York: John Wiley, 1999); Leonard M. Fuld, *The New Competitor Intelligence: The Complete Resource for Finding, Analyzing and Using Information About Your Competitors* (New York: John Wiley, 1994); John E. Prescott and Stephen H. Miller, eds., *Proven Strategies in Competitive Intelligence: Lessons from the Trenches* (New York: John Wiley, 2000)。互補的角色受到廣泛注意，是由於丨書 Adam M. Brandenberger and Barry H. Nalebuff, *Co-Opetition* (New York: Doubleday, 1996)。

㉕George S. Day and Paul J. H. Schoemaker, eds., *Wharton on Managing Emerging Technologies* (New York: John Wiley & Sons, 2000).

㉖Don S. Doering and Roche Parayre, "Assessing Technologies," in *Wharton on Managing Emerging Technologies*, 75–98.

㉗Constantinos C. Markides and Paul A. Geroski, *Fast Second: How Smart Companies Bypass Radical Innovation to Enter and Dominate New Markets* (San Francisco: Jossey-Bass, 2004).

㉘Howard Raiffa, *Decision Analysis: Introductory Lectures on Choices Under Uncertainty* (Reading, MA: Addison-Wesley, 1968).

㉙探索學習的概念，相似於休・考尼（Hugh Courtney）與他在麥肯錫管理顧問公司（McKinsey）

所發展出的「保留參與的權利」（reserving the right to play）的概念，其針對的狀況是不確定的環境，以及不確定之下的策略和行動·，而感知和追隨，或感知和領導，兩者都可形塑策略。見 H. Courtney, J. Kirkland, and P. Viguerie, “Strategy Under Uncertainty,” *Harvard Business Review*, November-December 1997, 67-79。

㉚欲知更多關於實質選擇權的論述，見 William F. Hamilton and Graham R. Mitchell, “Managing R&D as a Strategic Option,” *Research Technology Management* 31 (May-June 1988): 15-22; Edward H. Bowman and Dileep Hurry, “Strategy Through the Options Lens: An Integrated View of Resource Investments and the Incremental-Choice Process,” *Academy of Management Review* 18 (1993): 760-782; Rita G. McGrath, “A Real Options Logic for Initiation Technology Positioning Investments,” *Academy of Management Review* 22 (1997): 974-996; Ian C. MacMillan and Rita Gunther McGrath, “Crafting R&D Project Portfolios,” *Research Technology Management* 45 (September-October 2002): 48-59。

㉛欲知更多有關創造力的特殊技巧，有許多內容精彩的書籍可供參考，特別是下列的經典：Paul Watzlawick, John H. Weakland, and Richard Fisch, *Change: Principles of Problem Formulation and Problem Resolution* (New York: W. W. Norton, 1974); James L. Adams, *Conceptual Blockbusting* (Reading, MA: Addison Wesley Longman, 1986); Edward de Bono, *Lateral*

Thinking: Creativity Step by Step (New York: Harper & Row, 1973); Roger van Oech, *A Whack on the Side of the Head: How You Can Be More Creative*, rev. ed. (New York: Warner Books, 1998)，此書甚至附有1副「不按牌理」的紙卡。有關組織內的創造力，見 Robert Lawrence Kuhn, ed., *Handbook for Creative and Innovative Managers* (New York: McGraw-Hill, 1987); Jane Henry, ed., *Creative Management* (London, UK: Sage Publications, 1991); Alan G. Robinson and Sam Stern, *Corporate Creativity* (San Francisco: Berrett-Koehler Publishers, 1998), 9-11。各種技巧的比較，見 Kenneth R. MacCrimmon and Christian Wagner, "Stimulating Ideas Through Creativity Software," *Management Science* 40, no. 11 (November 1994): 1514-1532。

㉜能力（capabilities）的概念並不是最近才發展出來的，可追溯到此書的出版：Edith T. Penrose, *The Theory of the Growth Firm* (London: Basil Blackwell, 1959)。這個概念近來受到歡迎，是由於此文的引薦：C. K. Prahalad and Gary Hamel, "The Core Competence of the Corporation," *Harvard Business Review*, May-June 1990, 79-91。有關以資源為基礎的策略觀點，下列文獻提供了學術上的背景：J. Barney, "Firm Resources and Sustained Competitive Advantage," *Journal of Management* 17, no. 1, (1991): 99-120; R. Amit and Paul J. H. Schoemaker, "Strategic Assets and Organizational Rent," *Strategic Management Journal* 14, no. 1 (1993): 33-46; D. J. Teece, G. Pisano, and A. Shuen, "Dynamic Capabilities and Strategic

Management," *Strategic Management Journal* 18, no. 7 (1997): 509-533。就我們的論述來說，稟賦（competency）和能力（capability）兩者互通，不過我們較傾向將核心稟賦的概念保留給企業之間的討論，而能力的概念專門用於有關企業體內部的討論。見 George S. Day, "The Capabilities of Market-Driven Organizations," *Journal of Marketing* 58 (October 1994): 37-52。

㉝史丹佛大學的凱薩琳・艾森哈特（Kathleen Eisenhardt）曾與同事研究過，處於多變環境的企業會出現什麼樣的行爲，以及這些企業如何在周邊地帶生存而不喪失立足點，見 Kathleen Eisenhardt, etc., *Competing on the Edge: Strategy at Structured Chaos* (Boston: Harvard Business School Press, 1998)。同樣的，《第五項修練》的作者彼德・聖吉，也是最早提倡建立掃瞄範圍廣泛的學習型企業的學者之一，他所提出學習型組織的特質中，很多爲本書所採用。

㉞David DeLong and Liam Fahey, "Building the Knowledge Based Organization: How Culture Drives Knowledge Behaviors," Ernst & Young Center for Business Innovation, May 1997.

㉟Rohit Deshpandé, John U. Farley, and Frederick E. Webster Jr., "Corporate Culture, Customer Orientation, and Innovativeness in Japanese Firms: A Quadrad Analysis," *Journal of Marketing* 53 (January 1993): 3-15, and "Factors Affecting Organizational Performance: A Five-

Country Comparison," Marketing Science Institute report, 97-108, May 1997。這三位的模型改編自 Robert E. Quinn and J. Rohrbaugh, "A Spatial Model of Effectiveness Criteria: Toward a Competing Values Approach to Organizational Analysis," *Management Science* 29 (1983): 363-377，對模型的描述見 Richard W. Woodman and W. A. Passmore, eds., *Research in Organizational Change and Development*, vol. 5 (Greenwich, CT: JAI Press, 1991)。我們也運用了以下這一篇論文的某些概念：Paul McDonald and Geoffrey Gantz, "Getting Value from Shard Values," *Organizational Dynamics* (1994): 64-77。

㊱Clayton M. Christensen, *The Innovator's Dilemma* (Boston: Harvard Business School Press, 1997); Andrew S. Grove, *Only the Paranoid Survive* (New York: Currency, 1996); Richard Foster and Sarah Kaplan, *Creative Destruction* (New York: Currency, 2001).

㊲Malcolm Gladwell, *The Tipping Point* (Boston: Little, Brown, 2000).

㊳Wayne Burkan, *Wide Angle Vision* (New York: John Wiley, 1996); Ben Gilad, *Early Warning* (New York: AMACOM, 2004); Jim Harris, *Blindsided: How To Spot the Next Breakthrough that Will Change Your Business* (Oxford: Capstone, 2002).

㊴Chun Wei Choo, *Information Management for the Intelligent Organization: The Art of Scanning the Environment* (Medford, NJ: Information Today, 1995); Karl E. Weick, *Sensemaking in Organizations* (Thousand Oaks, CA: Sage Publications, 1995); Karl E. Weick and Kathleen M. Sutcliffe, *Managing the Unexpected* (San Francisco: Jossey-Bass, 2001).

㊵Haridimos Tsoukas and Jill Shepherd, eds., *Managing the Future: Foresight in the Knowledge Economy* (Malden, MA: Blackwell, 2004).

㊶Timothy Naftali, *Blind Spot: The Secret History of American Counterterrorism* (New York: Basic Books, 2005).

㊷Clayton M. Christensen, Scott D. Anthony, and Erik A. Roth, *Seeing What's Next* (Boston: Harvard Business School Press, 2004).

㊸Max H. Bazerman and Michael D. Watkins, *Predictable Surprises: The Disasters You Should Have Seen Coming and How to Prevent Them* (Boston: Harvard Business School Press, 2004); W. Chan Kim and Renée Mauborgne, *Blue Ocean Strategy* (Boston: Harvard Business School Press, 2005).

㊹Jerry Wind and Colin Crook, The Power of Impossible Thinking (Upper Saddle River, NJ: Wharton School Publishing, 2004).

附錄C：以視力爲喻的補充說明

①這個討論參考了克勞斯・邦德森（Claus Bundesen）等人的研究，以下便是其對視覺感知的基本過程的描述：「感知的正常循環通常包含兩個波段：一是無選擇性處理的波段，緊接著是有選擇性處理的波段。在第一個波段中，由腦部皮質處理的資源，是隨機地（無選擇性地）分散於視野範圍。在第一波段的尾聲，對於視野中的每一件物件，都計算出一個注意力的權數，並儲存在一個特性圖（saliency map）上。這些權數是用來對注意力進行重新分配（視覺處理的能量），藉由動態地重新分配視覺接收域（receptive field）中的腦皮質神經元，使得分配給一物件上的神經元數目，隨著該物件的注意力權數而增加。因此，在第二波段中，腦皮質處理歷程是有選擇性的，因爲分配給一物件的處理資源量（神經元數量），端視該物件的注意力權數而定。由於用來處理行爲上較爲重要的物件的資源，比行爲上來說較不重要的物件來得多，重要的物件就比較可能被記錄成視覺短期記憶（VSTM, visual short-term memory）。視覺短期記憶的系統被認爲是一種回饋機制（贏者通吃），使得在爭取注意力的競賽中獲勝的神經元，可以繼續保持活動力（Claus Bundesen, Thomas Habekost, and Soren Kyllingsbaek, "A Neural Theory of Visual Attention: Bridging Cognition and Neurophysiology," *Psychological Review* 112, no. 2 [2005]: 292.)。」

②Douglas B. Light, *The Senses* (Philadelphia: Chelsea House, 2004).

國家圖書館出版品預行編目資料

看得太少或看得太多的危險 / 喬治・戴伊（George S. Day），保羅・蘇梅克（J. H. Schoemaker）著；
邱約文譯.－－初版.－－臺北市：
大塊文化，2010.04
面；　公分.－－(touch ; 57)
譯自：Peripheral vision : detecting the weak signals that will make or break your company
ISBN 978-986-213-175-6（平裝）

1. 商品管理　2. 策略規劃　3. 行銷管理

496　　　　99004460

LOCUS

LOCUS

LOCUS

LOCUS